建筑施工安全与事故分析

～日本工程实例～

张 建 东
[日]阪本一马 著

中国建筑工业出版社

图书在版编目（CIP）数据

建筑施工安全与事故分析·日本工程实例/张建东，（日）阪本一马著.
北京：中国建筑工业出版社，2008
ISBN 978-7-112-10368-3

Ⅰ.建… Ⅱ.①张…②阪… Ⅲ.①建筑工程－工程施工－安全技术②建筑工程－工程事故－分析 Ⅳ.TU714

中国版本图书馆CIP数据核字（2008）第140775号

责任编辑：白玉美 刘文昕
责任设计：郑秋菊
责任校对：兰曼利 孟 楠

建筑施工安全与事故分析
～日本工程实例～
张建东 著
［日］阪本一马
*
中国建筑工业出版社出版、发行（北京西郊百万庄）
各地新华书店、建筑书店经销
北京嘉泰利德公司制版
北京建筑工业印刷厂印刷
*
开本：880×1230毫米 1/16 印张：11¼ 字数：350千字
2009年1月第一版 2015年10月第九次印刷
定价：**38.00**元
ISBN 978-7-112-10368-3
(17171)

前 言

众所周知，随着中国经济的持续发展和城市化进程的加快，建筑业正以前所未有的势头迅猛发展，成为重要的支柱产业。与此同时，每年发生的施工事故也较多，特别是重大伤亡事故的发生，给国民经济和人民生命财产造成了严重损失。近年来，尽管政府和企业都采取了一些有力措施加强安全管理工作，使死亡事故有所减少，但仍然存在诸多问题需要进一步完善。

为了有效预防工程事故的发生，一方面需要完善各项法律法规，加强监督管理，同时更重要的是需要对施工人员进行系统的安全教育和职业化培训，不断改进和完善安全管理体制。在此，国外尤其是发达国家有很多安全管理经验值得我们借鉴和参考。

日本在经济高速发展期的20世纪60、70年代，其建筑行业的死亡事故亦频频发生，后来逐步制定了一套完整的安全法规和标准化安全管理体系，在事故预防和职业化安全教育方面有其独到之处。近年来日本的工程死亡发生率不断降低，这与每个建筑工地严格落实安全保护措施和切实展开安全教育等所作出的努力是分不开的。作者长期在日本从事土木工程，并作为一级土木施工管理技师主持过桥梁工程的现场施工管理和监督，对日本的安全管理体系有切身的体会。

本书系统地介绍了日本施工现场日常安全管理的方法和建筑业的安全管理体系，并列举大量的工程事故实例进行分析，讲解各个主要施工工序中的事故预防要领等。本书可作为教材或参考资料用于对施工人员进行系统的安全教育和职业培训。作为他山之石，希望日本的安全管理经验能对中国同行有所帮助和借鉴。

张建东

2008年3月于东京

目　录

■ 概　述

1. 日本建筑业劳动事故的情况

1.1　劳动事故的总体状况

日本每年劳动事故的死亡人数统计如下（图1)。由图中可见，从整体上来看全产业以及建筑业的死亡人数均呈递减趋势。在日本经济高速发展期的20世纪60、70年代，平均每年建筑业死亡人数高达约2500人，70年代以后持续下降，进入经济稳定期的80年代至90年代中期保持在1000人左右，其后逐步减少，近年来大幅度降低到约500人。这与日本建筑业的安全管理体系和健全的安全法规，以及建筑工地系统落实安全保护措施和展开安全教育等所作出的努力是分不开的。

从图中可以看到，2006年日本全产业死亡人数（1472人）中建筑业所占的比例为34.5%。据有关资料统计，建筑业死亡人数列各产业之首，其次为制造业（约17%）和运输业（约14%)。

对比中日两国情况（参考2004年统计数据)，日本的人口（1.3亿人）约为中国的1/10，建筑业劳动人口（500万人左右）约为中国的1/8，建筑业死亡人数（500 ~ 600人／年）约为中国的1/5。另一方面，日本国民总产值GDP（4.7兆美元）约为中国的两倍，建筑业总产值（4800亿美元）与中国相近。根据以上统计结果，从建筑业总产值死亡率来看日本要远远低于中国，但按照建筑业劳动人口平均来看日本事故发生率似乎稍高于中国，但由于日本劳动事故统计中的行业区分及统计方法与中国有所不同，难以作简单的对比。

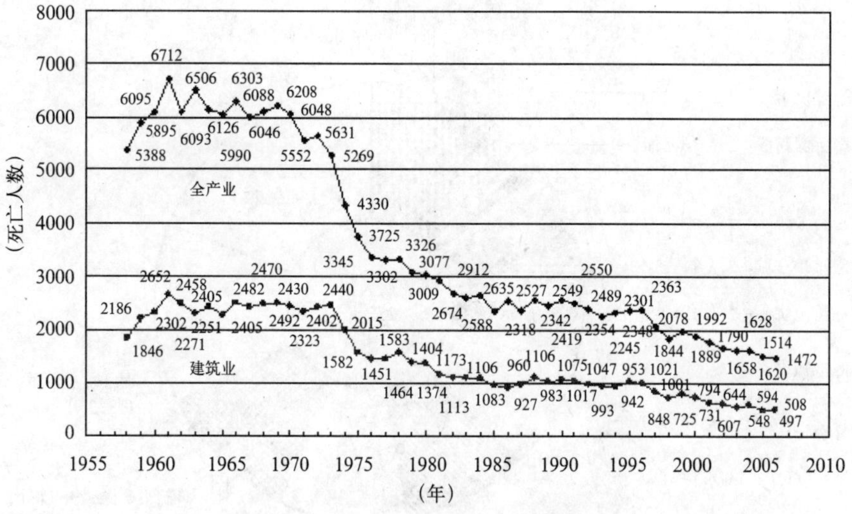

图1　日本劳动事故死亡人数的推移

资料来源：日本厚生劳动省 http://www.mhlw.go.jp/wp/hakusyo

1.2　建筑业所发生工伤事故的倾向

分析迄今为止日本建筑行业所发生的工伤事故，特别是死亡事故（2004年)，可以得出以下结论，针对该结论来采取相应的解决措施至关重要。

（1）事故类型调查

从事故类型上看，坠落、跌落事故，建筑机械、起重机事故，倒塌、坍塌事故（三大事故）频繁发生，大约占总体死亡事故的70%（见图2)，其比例历年基本相同。在实际施工操作中需要把这些作为主要的重点防范对象。

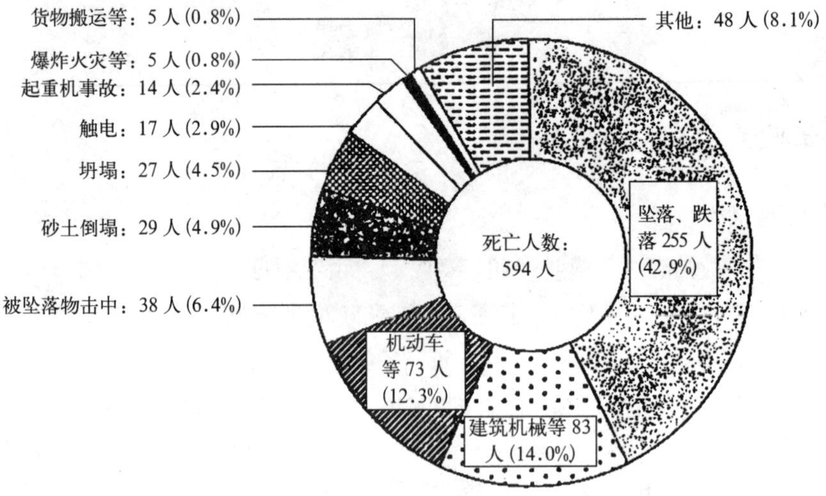

图2 不同事故类型的发生情况

(2) 不同部位所发生的坠落事故

从不同部位所发生的坠落、跌落事故的比例来看，每年从高到低依次是：脚手架、屋顶、屋面、窗、楼梯、开口处、地板端头等部位（见图3）。在钢筋混凝土、钢结构的房屋中，与脚手架有关的事故发生的频率最高，约占总体的一半。

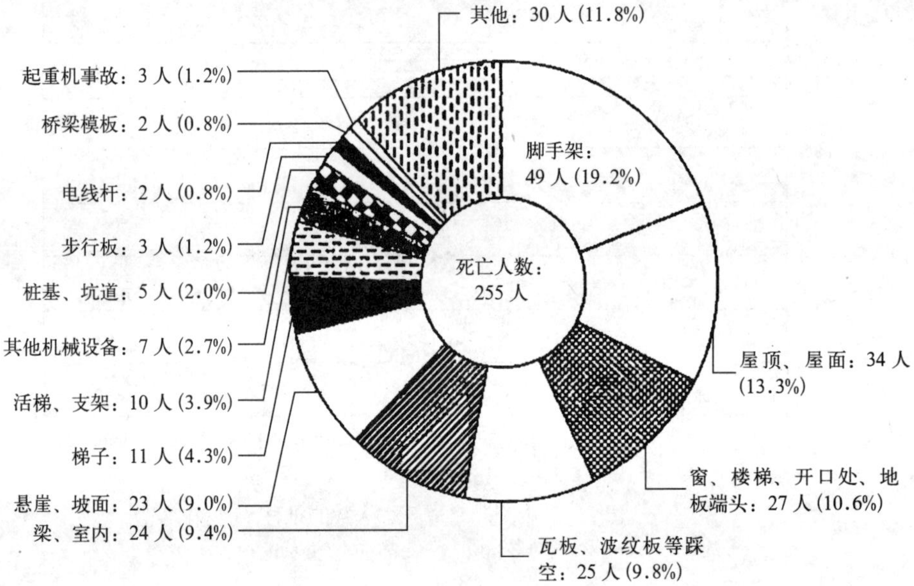

图3 坠落、跌落事故的发生情况

(3) 建筑机械、起重机事故

从发生的建筑机械、起重机事故的机械种类来看，每年发生事故的比例从高到低的情况依次是：挖掘机、铲土机，移动式起重机，滚轧机（见图4）。其中，在公路建设工程中发生事故频率最高的为挖掘机和铲土机所引发的事故。

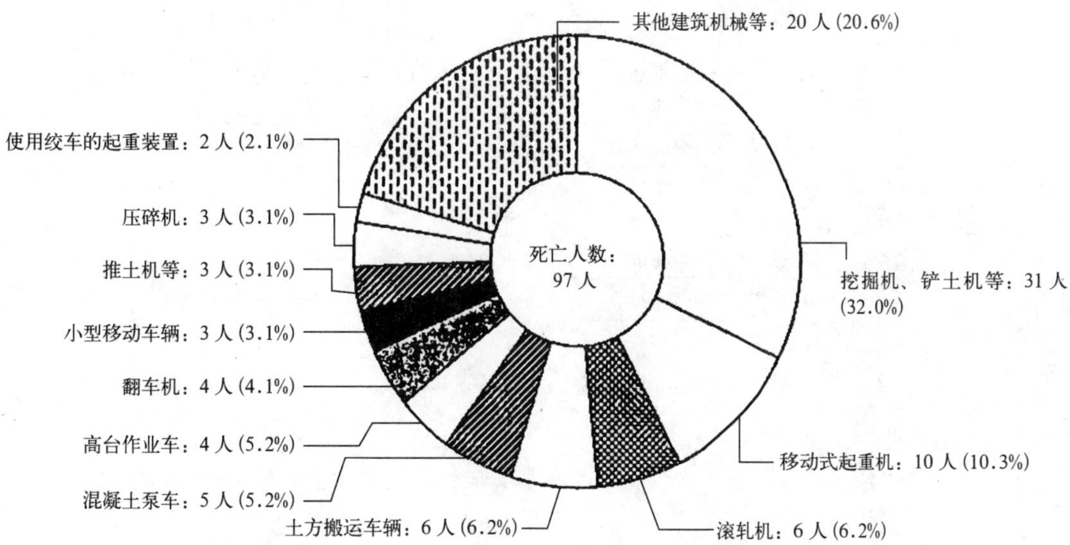

图 4　建筑机械、起重机事故的发生情况

（4）倒塌、坍塌事故

从倒塌、坍塌事故来看，每年发生比例较大的依次是：砂土坍塌，建筑物或桥梁等的倒塌，混凝土护墙、砖墙的倒塌事故。其中，在上下水道工程中由于砂土坍塌引发的事故发生频率为最高，约占总体的 40% 以上（见图 5）。

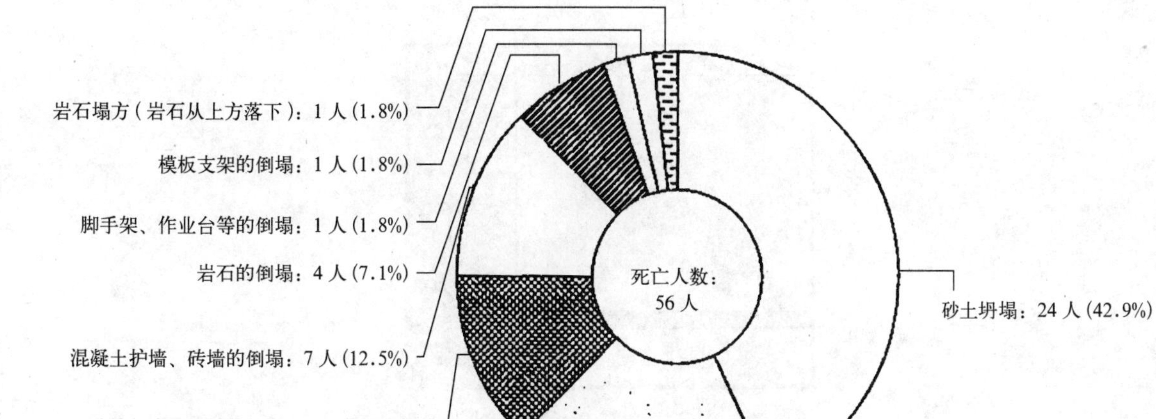

图 5　倒塌、坍塌事故的发生情况

2. 事故的基本致因分析

总体来说，作为直接原因，事故发生可分为由于机械、设备等“物的原因”所造成的不安全状态以及由施工人员不遵守安全规则等“人为原因”所造成的不安全行为而引起的。另一方面，作为间接原因，安全管理的缺陷或安全教育的不足也将导致不安全状态或不安全行为的发生。事故发生的基本模式如图 6 所示。

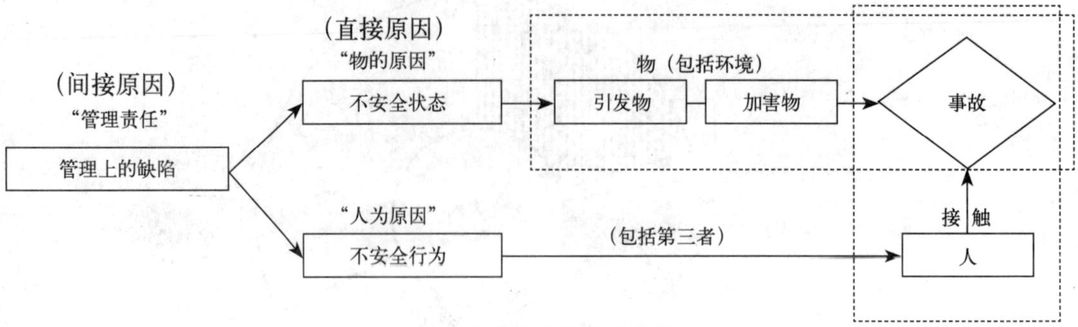

图 6　事故发生的基本模式

事故的发生有可能起因于不安全状态或者不安全行为，但大多数情况则是由于以上两种因素同时存在而引起的。

从图 7 的事故调查结果（2004 年统计数据）可见，不安全状态和不安全行为各自单独引起的事故分别仅为约 6% 和 12%，起因于两者的事故则高达约 82%，不属于以上两种因素中的任何一个原因而是由于其他不可抗拒的力量所引起事故仅占 1% 以下。

事故发生原因的分析可针对管理体制上的问题，以及人为原因、物的原因（包括环境和设备）进行逐步调查和探讨。一般来说，事故致因的分析可分为以下四个阶段来进行。

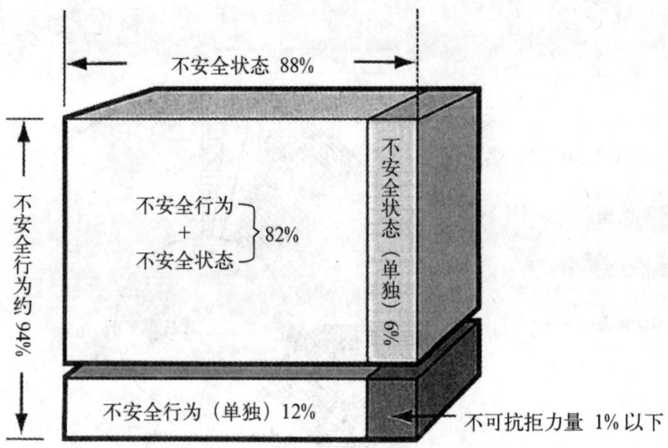

图 7　事故发生的四种状态

第一阶段：确认事实真相。

从工作开始到事故发生的整个过程中，明确和收集与事故相关的事实和情报，根据时间顺序整理客观事实。

第二阶段：发现问题所在。

根据客观事实进行分析讨论，找出不符合规定的事项，追究问题的原因所在。

第三阶段：判断根本原因。

在找到的问题和原因中，将与事故有密切关联的事项根据缺陷程度的高低进行排序。

第四阶段：树立防止对策。

根据重要性和必要性，树立具体的可能实施的对策，同时讨论和决定类似事故的预防方法。

具体的事故分析方法有很多，以下为较常见的树枝型图式分析法（见图 8），供参考。

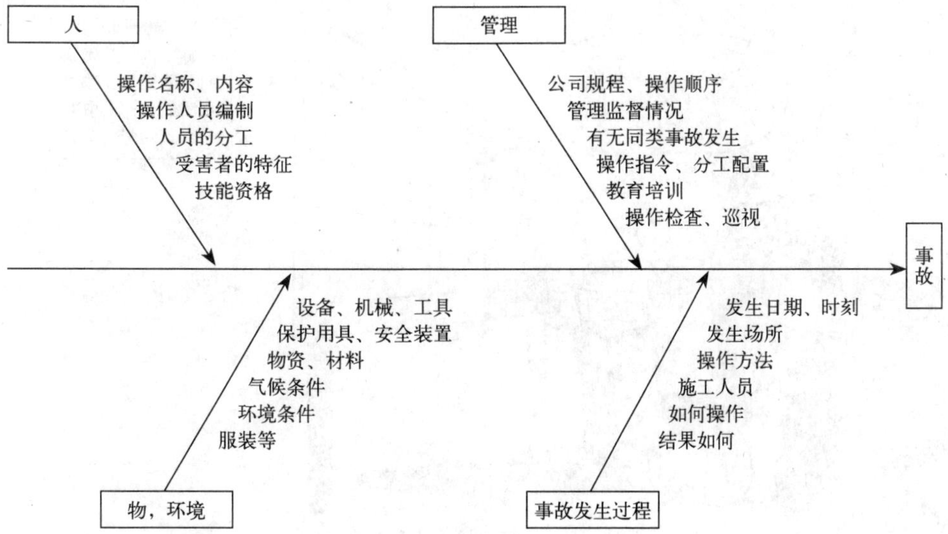

图 8　事故致因的分析方法

3. 施工安全管理要领

3.1　日常安全管理方法

建筑工地的安全管理是需要监督管理人员和施工人员共同配合进行的。总承包、分包等部门各自承担义务和职责，并按照系统化、标准化的管理模式进行安全监督。其中具体的日常管理由以下的每天、每周、每月的安全施工循环组成（见图 9）。而且新来的施工人员进入工地时需随时接受入场教育。日常安全管理要领见表 1。

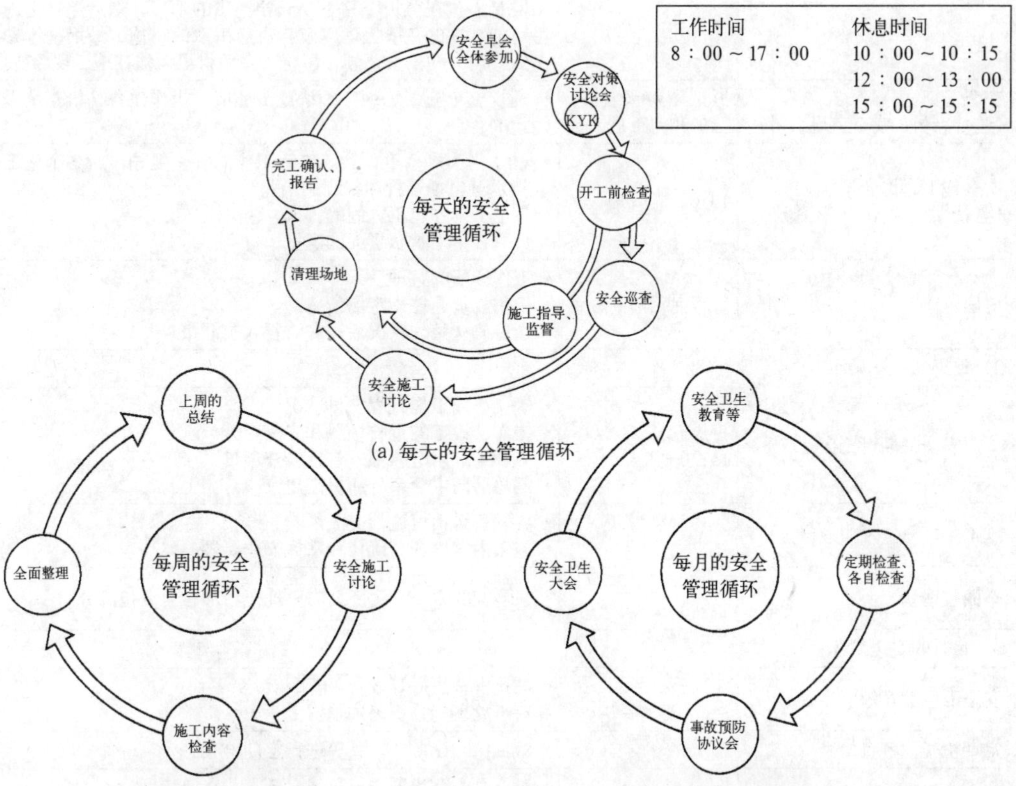

图 9　日常安全管理方法

KYK 活动步骤
• 施工内容的确认
• 危险因素在哪里
• 我们如何采取对策
• 今天的安全要领

图 10 安全对策讨论会［危险预知活动］(KYK)

表 1 日常安全管理要领

实施项目	时间	实施内容
1）每天的安全循环		
安全早会 (全体参加)	每天早上 8:00–	• 广播体操 • 施工人员点名（安全值班） • 确认主要危险操作的内容和场所（安全值班） • 高呼安全口号（领班）
安全对策讨论会（KYK） (监督管理人员也参加)	早会后 10 分钟左右	• 确认健康状态 • 分班，布置各自施工内容 • 安全对策讨论会［危险预知活动］(KYK) 注：KYK 为［危险预知活动］的简称，参见图 10。 由监督人员在黑板上写下当天要施工的项目，然后逐项由施工人员回答可能存在的危险因素以及自己应采取的措施，最后全体参加人员齐声高喊当天的安全要领。讨论会完后将黑板挂在施工现场明显位置
安全巡查 (监督人员、安全值班人员)	原则上每天上午、下午和完工后	• 巡视整个施工工地，确认施工环境、操作设备，检查是否有不安全因素的存在
安全施工讨论会 (监督人员、各个施工领班)	13:00–	• 确认当天剩余工作和第二天工作的安全要领，对各个施工操作做安全指示（包括巡视中找到的问题） • 各个工种和包工之间的协调 • 听取各个工种负责人的意见
清理场地	每天完工前 5 分钟	• 工作场所的整理 • 不用物资运往指定场所 • 领班确认整理状况后，向监督人员汇报
2）每周的安全循环		
下周安全工期讨论会	每周五 13:30–	• 确认下周工作日程安排情况 • 操作、设备的危险预测和安全对策 • 下周重点安全事项（包括检查项目） • 汇总后向主管事务所提出建议
施工内容检查（兼领班会）		• 各领班自由讨论，交流经验 • 施工内容检查，确认和掌握安全要领
全面整理	每周六 13:00–	• 在当天的安全早会上公布整理范围和各自分担部分
3）每月的安全循环		
安全卫生教育等		• 进行安全法规等教育 • 对事故事例分析来加强安全意识
定期检查、各自检查		• 对机械、设备、工具等进行定期检查
事故预防协议会		• 对上月安全状况进行总结、反省、交换意见 • 根据下月工程安排，针对性地讨论安全对策 • 将协议内容转达到每个施工人员

续表

实施项目	时间	实施内容
安全卫生大会 (全体参加)		• 举行全体人员参加的安全卫生集会 • 表彰安全模范个人 • 总结安全管理经验
4）随时实施的教育		
新来施工人员入场教育	入场前 约 30 分钟	• 确认新来施工人员基本情况以及健康状态（医院证明） • 主要由领班负责安全注意事项教育 • 根据［新入场教育表格］对本工地的施工内容、特殊情况、工地规定等一般安全事项进行说明

在日常管理中，如上所述，要求每天收工时对施工场所进行整理，保持工地整洁，且施工用具等须定期进行检查并摆置在规定位置。这样一方面可提高工作效率，同时可使每个施工人员有良好的工作环境，保持心情舒畅，避免不必要的事故发生。

以下为通称 4S 活动（整理、整顿、清扫、清洁）的概要。

整理 Seiri

• 区分需要和不需要的物品，不随便放置。

清掃 Seisou

• 清扫和整理施工及办公场所，并将垃圾分类处理。

整頓 Seiton

• 对常用工具定期进行检查，摆置在规定场所以供随时使用。

清潔 Seiketu

• 衣着整洁，保持食堂厕所等居住环境清洁卫生。

安全施工十大要领

1. 衣装整洁，使用安全带等保护用具
2. 参加安全早会、安全对策讨论会（KYK）
3. 严格遵守 KYK 讨论决定的事项
4. 施工前确认施工程序和要领
5. 施工前检查设备和机械用具
6. 遵守施工现场的规则和操作指令
7. 不擅自进行无执照操作
8. 认真准确做好操作诱导手势
9. 不在勉强的姿势下进行操作
10. 完工后，清理好施工现场

3.2 安全带的使用要领

根据上述死亡事故的类型分析结果可见，坠落、跌落事故占全部事故的40%以上，其发生概率远远高于其他事故。而防止坠落、跌落事故发生的最有效的方法是正确使用安全带。

以下为施工人员的服装和安全带的安全检查要点（见图11）和安全带使用上的检查要点（见图12），按日本有关法规规定在2m以上的高空操作时必须使用安全带。

另外，在这里也介绍不同的安全带使用场所（见图13），希望对安全带的正确使用有所借鉴。

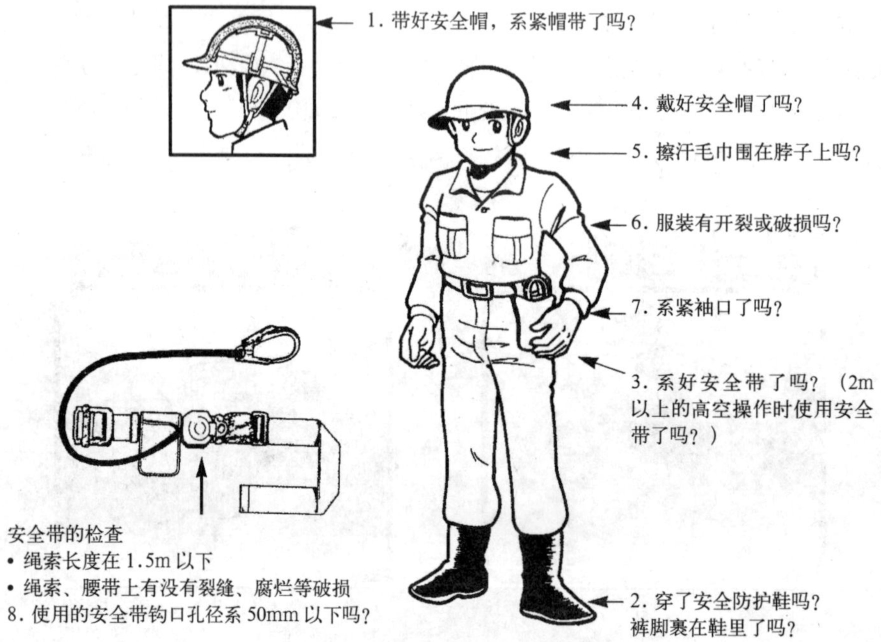

图11　服装、安全带的检查要点

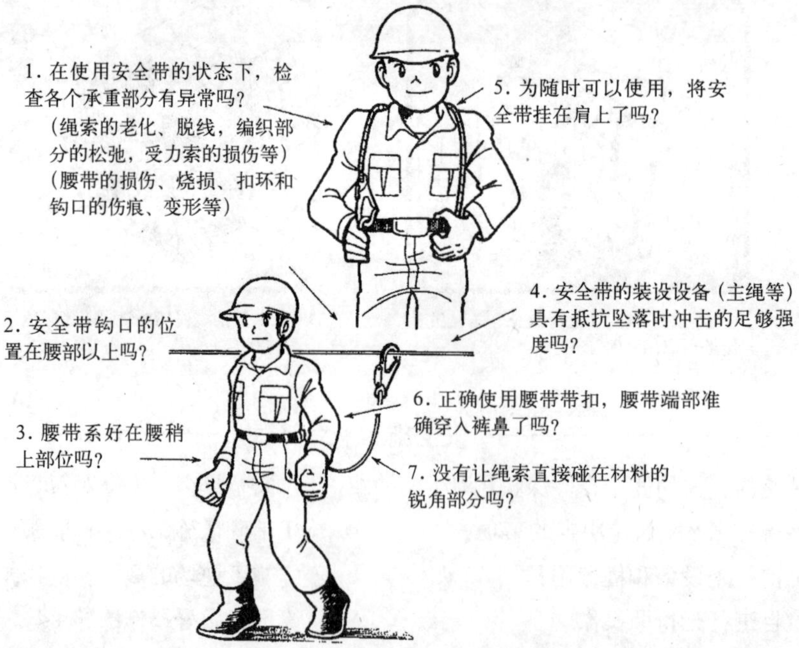

图12　安全带使用上的检查要点

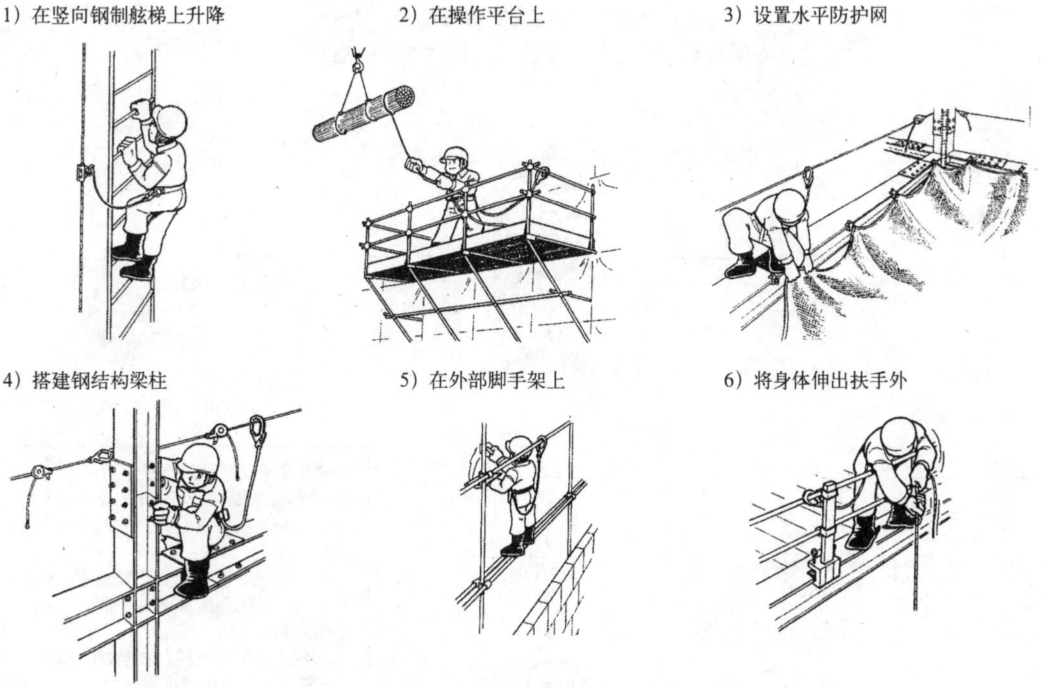

图 13 安全带使用场所的举例介绍

3.3 日本安全管理体系

根据日本劳动安全卫生法及规则，建筑工地的安全卫生管理体制可简单归纳如表 2 所示。

在较大规模的施工工地，除了总承包公司以外还有各下级承包公司的施工人员共同从事现场施工。在此情况下，为避免因管理不周到而引起施工事故，规定必须选出统括安全卫生负责人来总管工地安全，而一般情况下统括安全卫生负责人常由现场总指挥（所长）兼任。同时作为总承包方面还需选拔安全卫生管理者以协助统括安全卫生负责人落实各项安全管理措施。

表 2　安全卫生管理体制

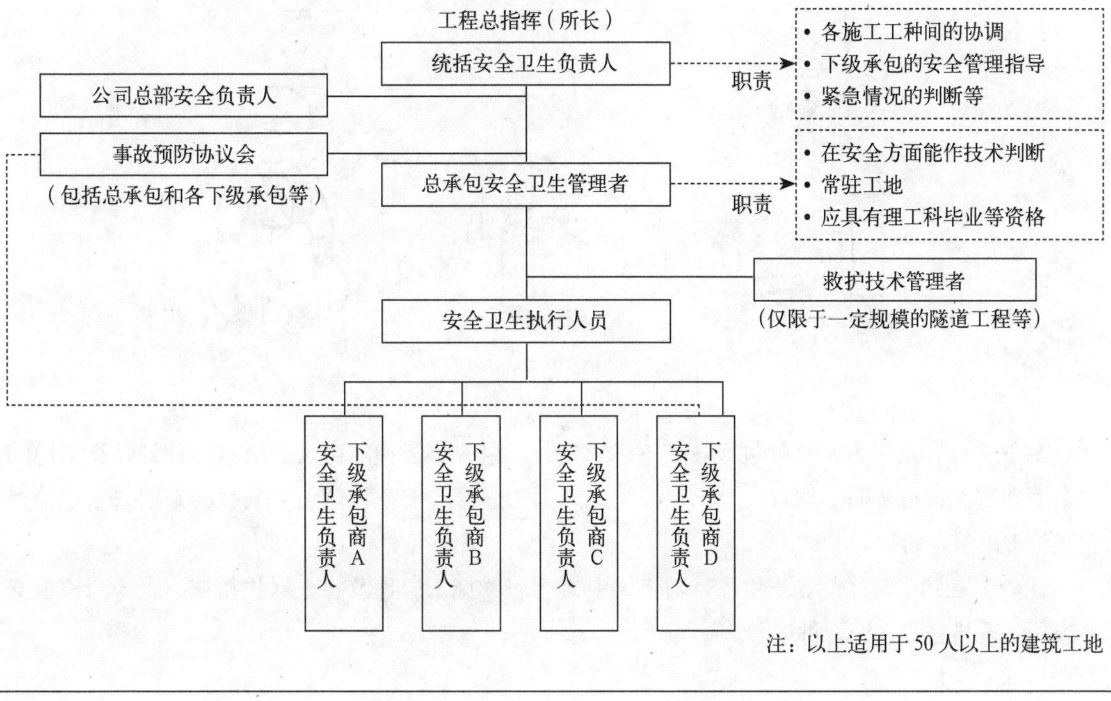

注：以上适用于 50 人以上的建筑工地

表 3 模板支架施工的管理措施

（必须具有模板支架安装施工主任技能者资格）

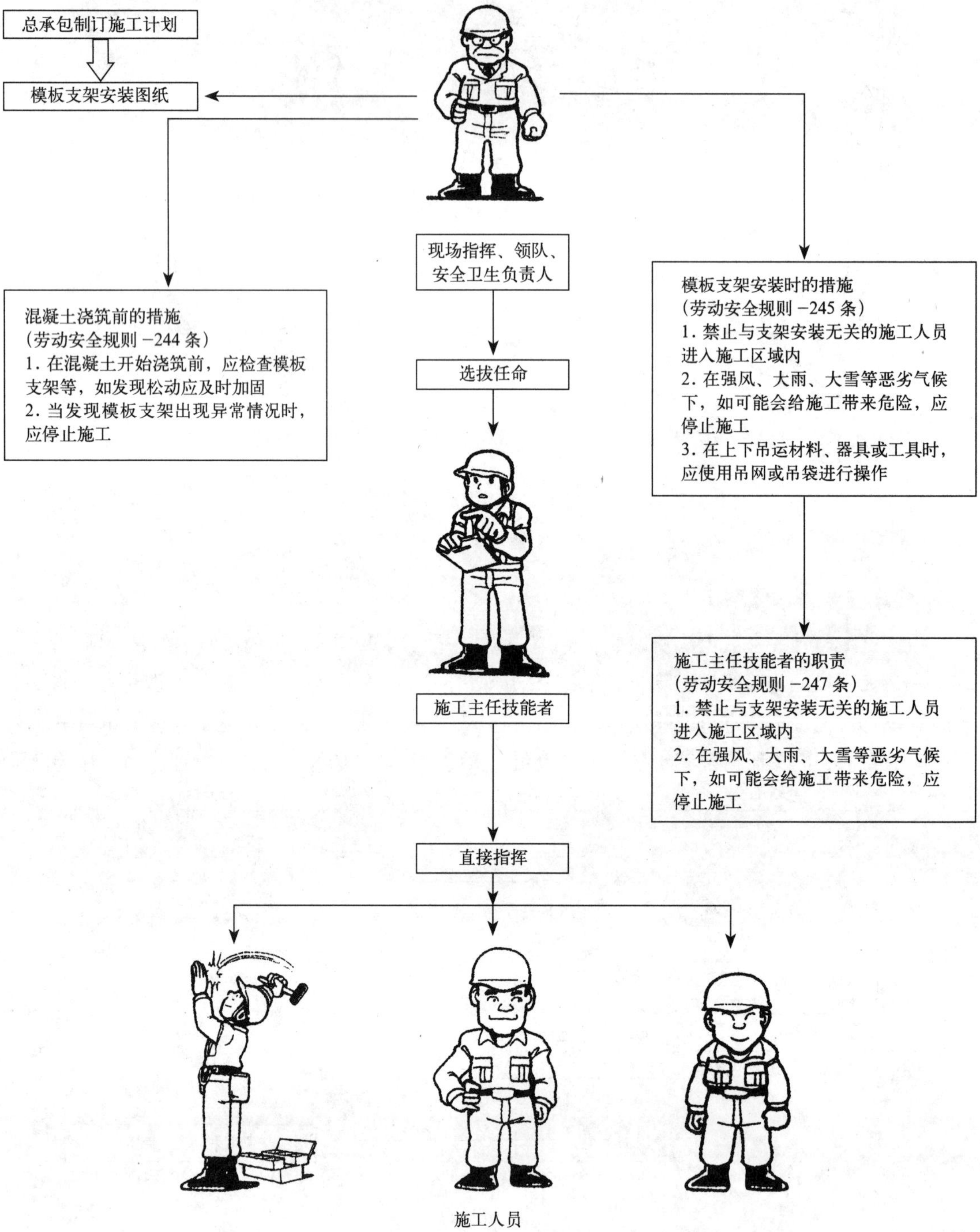

另一方面，由甲方、总承包和各个下级承包公司组成事故预防协议会对施工计划以及工地的安全管理方法进行协商。同时，总承包公司的总部和分部的安全管理负责人也会定期去工地检查安全管理的贯彻情况。

此外，在每个工序的施工中还针对性地制定相应的施工管理及安全保护措施。表 3 为模板支架施工管理措施的一例，供参考。

■ 本书的使用方法

本书对实际发生的各种工程事故进行分类和归纳，并就每一个事例进行图解和分析。一方面讲解每个事故的发生原因同时还阐述各个施工操作的安全检查要点。书中所列举的事故案例，涉及到坠落、跌落事故，建筑机械、起重机事故，倒塌、坍塌事故等各种工程事故。其中针对这三大多发事故重点进行了总结分析。

读者可以参考所举案例，在施工现场的安全规划和施工程序的制定，以及日常的操作指令和安全隐患的检查及解决等实际操作中引以为戒。

为了避免发生同样的事故，读者可以在下列场合，灵活使用本书。

灵活使用本书的方法：

（1）在公司或现场实行安全教育或安全培训时，作为教学资料使用。

（2）在开始搭建脚手架或绑扎钢筋等个别工程开工前，作为举行施工研讨会的参考资料使用。

（3）制定现场安全管理计划和施工程序时，作为参考资料使用。

（4）对派遣员工或现场新员工进行职业教育时，作为资料使用。

（5）日常安全施工循环中，每个施工组在进行安全操作指示，以及安全对策讨论会（KYK，危险预知活动）时可作为参考资料使用。

（6）作为建筑工地风险管理的信息使用。

■ 工程事故实例分析

1.1.1 活梯、支架和移动作业台施工

1	坠落、跌落事故	1.1	一般操作	1.1.1	活梯、支架和移动作业台施工

主要原因

①在站立不稳定的地点使用。
②使用了超标或超过 2m 高的活梯。
③在地板的临边以及开口周围等危险地点使用。
④在发生反弹力的施工中，以不稳定的姿势进行操作时失去平衡。
⑤没有固定脚手架的踏板。
⑥携带物件爬上、爬下。
⑦脚手架踏板的伸出部分过长。
⑧使用了残次品的脚手架踏板。
⑨单独使用（没有踏面的）支架。

■ 活梯、脚手架踏板、移动作业台的安全检查要点

■ 移动作业台

实例　1	1	坠落、跌落事故	1.1.1	活梯、支架施工

◆ 从呈不稳定状态的活梯上跌落

【事故发生简介】

工人站在活梯的站板上进行墙面钢筋绑扎施工时，由于站板未被捆绑固定，另外由于站板的伸出长度为50cm，呈不稳定状态，工人从1.8m的高度跌落。

【主要原因】 ①⑤⑦

实例　2	1	坠落、跌落事故	1.1.1	活梯、支架施工

◆ 在活梯上进行管道安装作业时失去平衡跌落

【事故发生简介】

工人在铝制的活梯（高度2.63m）上进行管道安装施工时，身体失去平衡而从活梯上跌落。

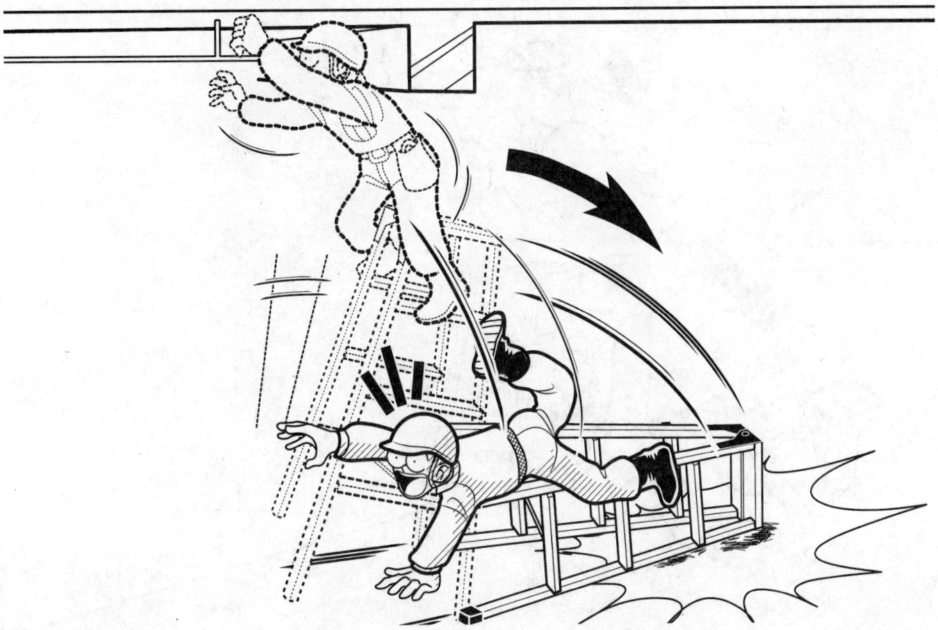

【主要原因】 ①②④

实例 3	1	坠落、跌落事故	1.1.1	活梯、支架施工

◆ 在进行引导干线的施工中，引线脱落，工人由于用力过猛而跌落

【事故发生简介】

工人骑坐在活梯上，脚蹬着活梯的第二踏板，在张拉主干线的作业中，干线与钢丝分离，由于用力过猛，工人越过身后电梯井开口处的扶手而跌落。

【主要原因】 ③④

实例 4	1	坠落、跌落事故	1.1.1	活梯、支架施工

◆ 双手携带工具从活梯上走下时，失足跌落

【事故发生简介】

工人站在活梯（高度 1.8m）上，双手携带工具，一边转身一边从活梯上走下时，脚从台阶滑脱而跌落。

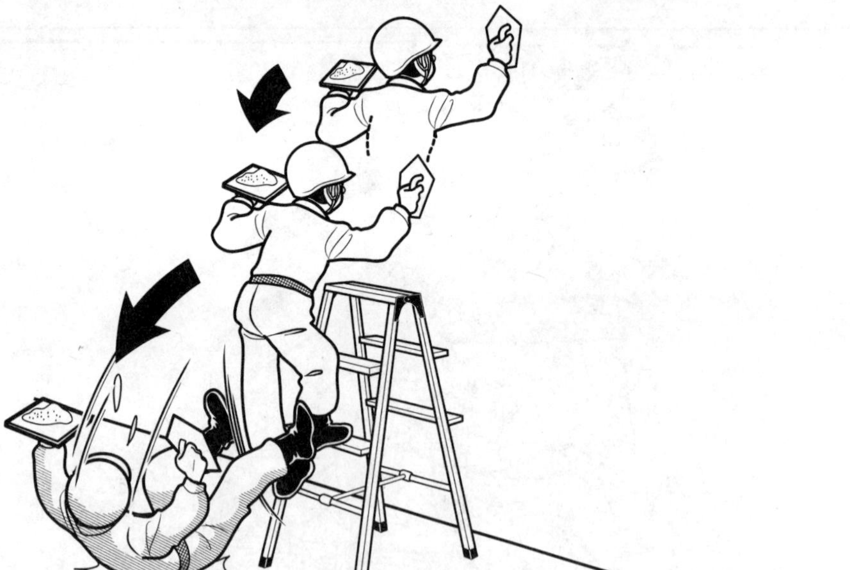

【主要原因】 ④⑥

实例　5	1	坠落、跌落事故	1.1.1	活梯、支架施工

◆ 在模板拆除作业中从活梯的踏板处跌落

【事故发生简介】

两块铝制的踏板（4m），其两端以两点支撑的形式，通过橡皮圈固定在活梯（高度1.8m）上。工人站在活梯的踏板上进行横梁以及模板的拆除作业，当用钳子和榔头拔除梁侧的钉子时，由于钉子破损而身体失去平衡，工人从活梯跌落至混凝土地面。

【主要原因】 ④

实例　6	1	坠落、跌落事故	1.1.1	活梯、支架施工

◆ 从“铝合金支架”下来时身体失去平衡而跌落

【事故发生简介】

工人安装完吊顶螺栓后，欲从“铝合金支架”（高2.63m）上下来时，身体失去平衡，和支架一起跌落。

【主要原因】 ①②⑤

实例 7	1	坠落、跌落事故	1.1.1	活梯、支架施工

◆ **从活梯下来时脚打滑而坠落**

【事故发生简介】

工人在利用活梯安装脚手架过程中，从活梯下来时，脚下打滑而坠落地面（因前一天下雨，地面土质松散，且受伤者的长靴底部沾有泥土）。

【主要原因】 ①④

实例 8	1	坠落、跌落事故	1.1.1	移动作业台施工

◆ **在可移动作业台进行模板作业时失去平衡跌落**

【事故发生简介】

工人在可移动作业台（高度1.5m）上进行模板施工时，身体失去平衡而跌落。

【主要原因】 ①④

实例 9	1	坠落、跌落事故	1.1.1	移动作业台施工

◆ 在台车上一边后退一边进行顶棚的拆卸作业中，失足跌落

【事故发生简介】

在进行顶棚拆卸的作业中，工人将2辆台车（高度1.35m）连接使用，在其上使用铁撬进行施工，拆除顶棚仅保留轻钢龙骨，工人一边后退一边进行拆除作业时，在台车的一端失足而跌落。

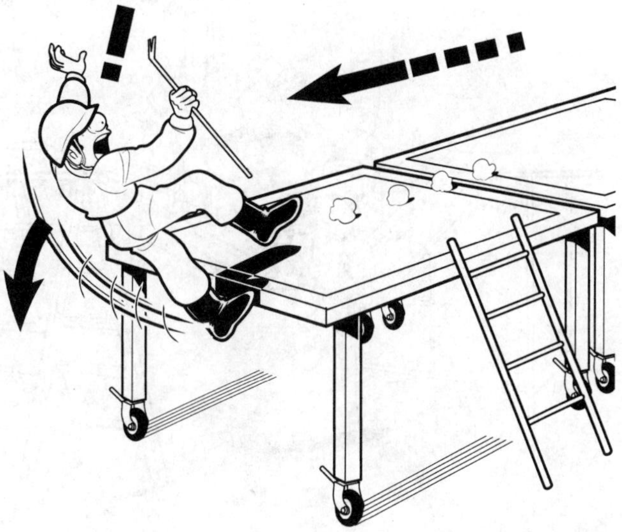

【主要原因】 ④

实例 10	1	坠落、跌落事故	1.1.1	移动作业台施工

◆ 从移动作业台上跌落

【事故发生简介】

工人在进行贴砖作业时，使用的移动作业台横向滑动，作业台的脚部跌下台阶，工人站立不稳跌落至地面。

【主要原因】 ①

实例 11	1	坠落、跌落事故	1.1.1	移动作业台施工

◆ 两名工人同时站在脚手架踏板上，踏板折断而坠落

【事故发生简介】

在木制踏板（20m×1.8m×3cm，杉木）上进行墙面作业中，两名工人同时踏上同一块脚手架踏板，踏板因超重折断而从约1.8m高处坠落地面受伤。

【主要原因】 ①④⑤

实例 12	1	坠落、跌落事故	1.1.1	移动作业台施工

◆ 从移动作业台上跌落

【事故发生简介】

工人在移动作业台(高度1.8m)上进行墙面贴砖施工中，单手持工具欲从作业台倒退走下时，失足跌落(作业台上仅一侧带有扶手，而工人却试图从没有扶手的一侧走下)。

【主要原因】 ④⑥

1.1.2　移动塔台施工

1	坠落、跌落事故	1.1	一般操作	1.1.2	移动塔台施工

主要原因

①手持物件顺着移动塔台爬下（未使用正规升降设备的走捷径行为）。
②在台上载人的情况下移动塔台。
③失去平衡而跌落。
④未设置扶手。
⑤采用了危险的施工方法。
⑥将移动塔台改造成危险的脚手架使用。
⑦未使用安全带。

■ 移动塔台操作的安全检查要点

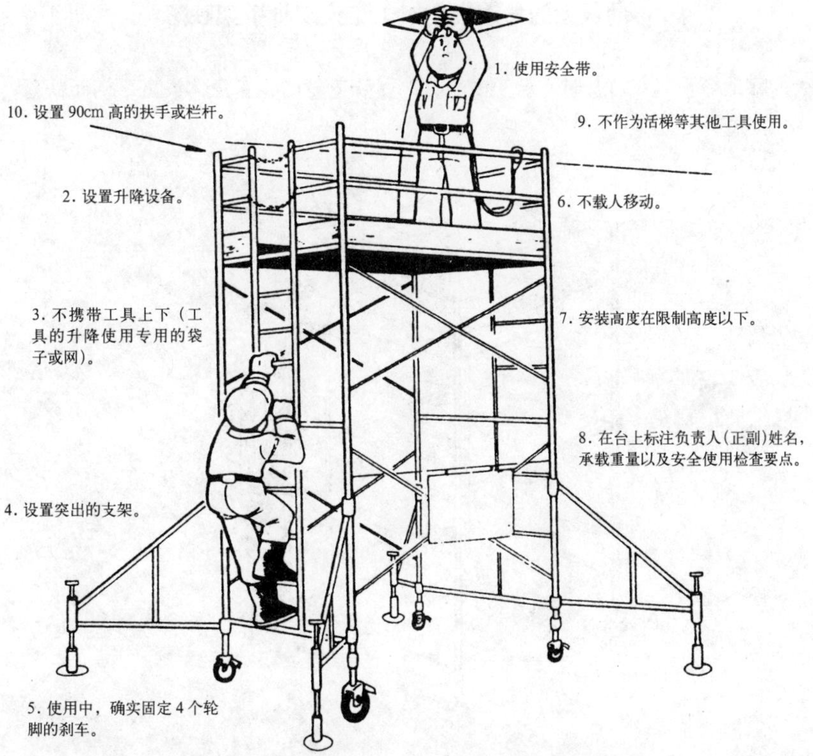

实例 13	1	坠落、跌落事故	1.1.2	移动塔台施工

◆ 爬下梯子时，失足跌落

【事故发生简介】

工人使用移动塔台完成管道安装作业后，从梯子上爬下时，因失足而跌落。

【主要原因】 ①③

实例 14	1	坠落、跌落事故	1.1.2	移动塔台施工

◆ 移动载人的移动塔台时，工人从脚手架跌落

【事故发生简介】

工人移动载人的移动塔台（双层）时，台上的工人为了躲避障碍物，身体失去平衡而跌落。

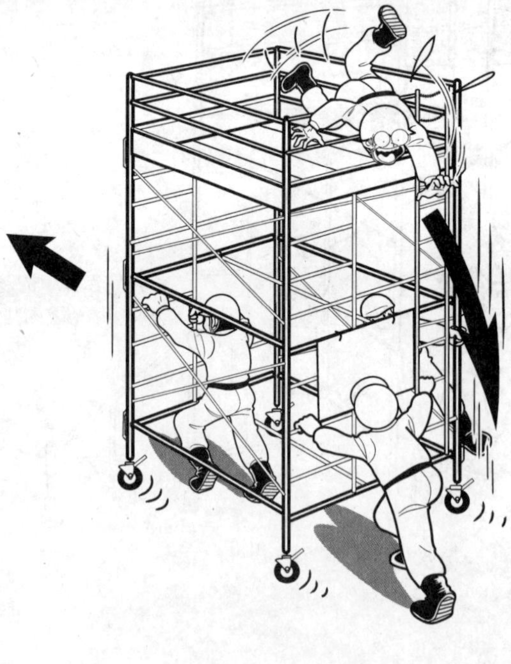

【主要原因】 ②

实例　15	1	坠落、跌落事故	1.1.2	移动塔台施工

◆ **在移动塔台上进行拆除侧梁模板的施工中，身体失去平衡坠落**

【事故发生简介】

工人将脚手架踏板架在2辆移动塔台（高3.2m）之间，在其上铺盖铝合金踏板做成施工操作台，站在其上进行侧梁模板的拆除施工。当工人用铁撬杠拆除模板时，铁撬杠从模板脱落，工人身体失去平衡坠落至地面。

【主要原因】 ⑤⑥⑦

实例　16	1	坠落、跌落事故	1.1.2	移动塔台施工

◆ **在移动塔台的扶手横杆上进行管道安装施工时，因中间扶手横杆脱落而跌落**

【事故发生简介】

空调安装工人站在移动塔台（高度1.8m）上，进行主管和支管的安装。当空调安装工人站在移动塔台扶手的横杆上进行施工时，由于扶手横杆脱落致使工人跌落。

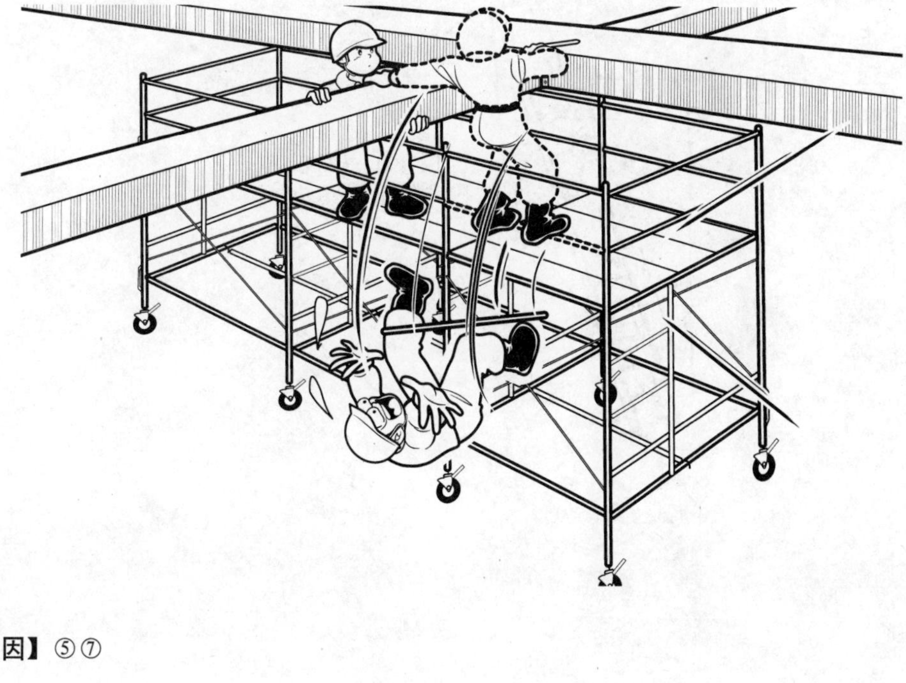

【主要原因】 ⑤⑦

1.1.3 使用梯子的施工

1	坠落、跌落事故	1.1	一般操作	1.1.3	使用梯子的施工

主要原因

①支撑物倒塌，梯子失去支撑而跌落。
②攀登梯子时，失足。
③没有将梯子固定。
④在梯子上进行有反弹力作用的施工。
⑤没有使用安全带。
⑥梯子的上端没有高出地面 60cm 上。
⑦没有采取防滑设施。

■ 使用梯子进行施工的安全检查要点

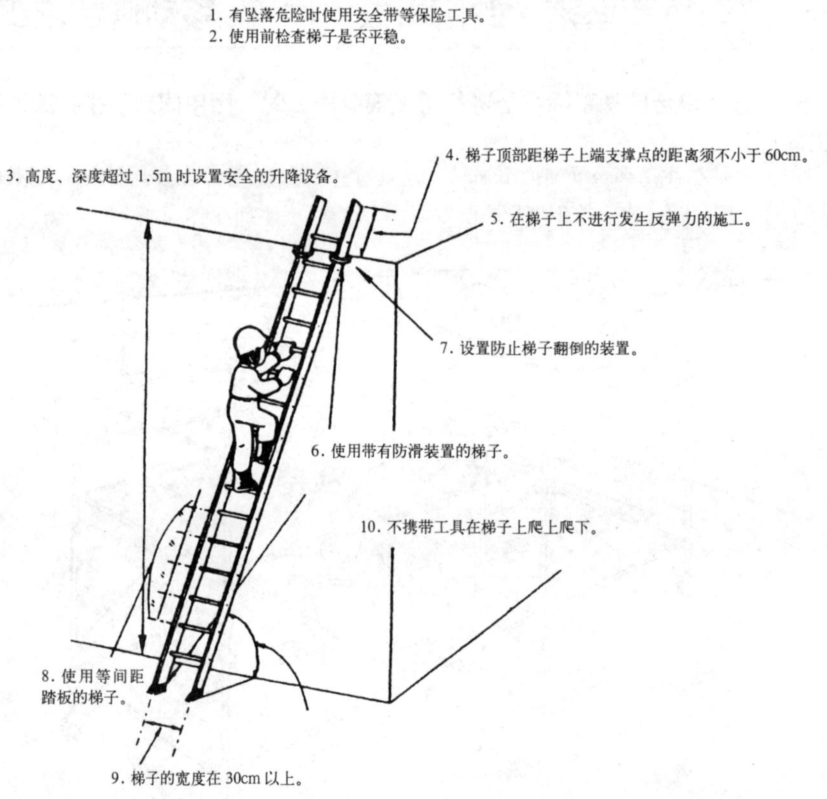

实例 17	1	坠落、跌落事故	1.1.3	使用梯子的施工

◆ 梯子所撑靠的铁柱断裂，跌落

【事故发生简介】

在拆除既有铁柱（长 7m，高 30cm 由工字钢焊接而成）时，为防止气焊时发生倒塌而采用吊车进行临时吊拉。为安装和拆卸吊钩，工人将梯子支撑在铁柱上，当爬至梯子的第 6 节踏板时，铁柱从根部脆断倒塌（铁柱的根部已被腐蚀）。

【主要原因】 ①

实例 18	1	坠落、跌落事故	1.1.3	使用梯子的施工

◆ 使用梯子爬下防水槽时，失足而跌落

【事故发生简介】

在地下 1 层进行防水槽的防水施工时，施工人员使用铝制梯子爬下防水槽时，失足而跌落。

【主要原因】 ②⑤

实例 19	1	坠落、跌落事故	1.1.3	使用梯子的施工

◆ **使用梯子进行清扫时，梯子的下端滑动翻倒**

【事故发生简介】

在2层楼板上，工人进行排烟窗（下端高度3.5m）的清扫作业时，由于楼板混凝土正处于养护阶段，因而梯子架在铺了两层蓝色保护膜的楼板上，且梯子上、下部均未固定，倾斜度也较小，在此状态下梯子下端滑动，工人和梯子一起跌落。

【主要原因】 ③⑥⑦

实例 20	1	坠落、跌落事故	1.1.3	使用梯子的施工

◆ **工人进行模板拆除作业时为了拆除复合板，在梯子上使用铁撬杠撬取时跌落**

【事故发生简介】

工人在进行模板拆除作业时，爬上靠在墙壁的梯子试图拆除埋入天花板的复合板，当使用铁撬杠撬取时，因铁撬杠滑脱，身体失去平衡而跌落。

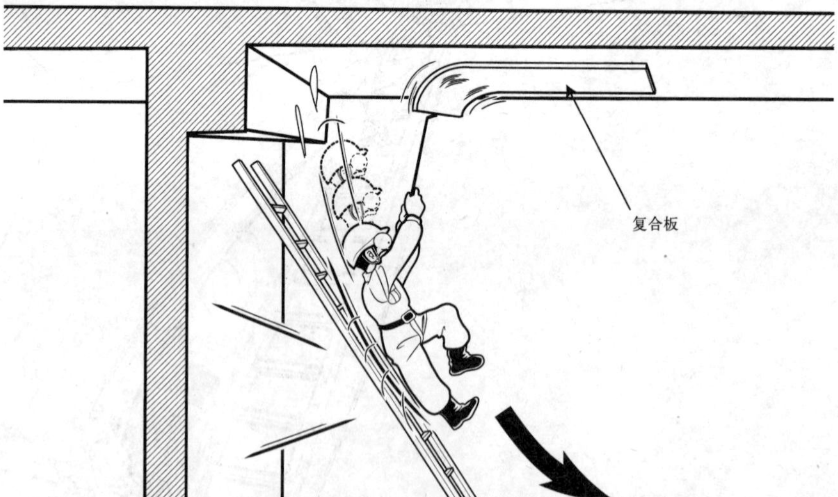

【主要原因】 ③④

实例　21	1	坠落、跌落事故	1.1.3	使用梯子的施工

◆ 扶梯的底部滑动而翻倒

【事故发生简介】

在对混凝土墙面进行修补作业时，扶梯底部打滑，梯子翻倒坠落到下方水坑。

【主要原因】 ③⑦

实例　22	1	坠落、跌落事故	1.1.3	使用梯子的施工

◆ 走下梯子时脚打滑而坠落

【事故发生简介】

施工人员手里拿着工具走下梯子时，脚下打滑从梯子上坠落至地面。

【主要原因】 ②③

1.1.4　洞口处及施工面临边施工

1	坠落、跌落事故	1.1	一般操作	1.1.4	洞口处及施工面临边施工

主要原因

①扶手、安全防护网等防护设施有缺陷。
②施工前对扶手等部位进行的安全检查不细致。
③施工方法、施工程序错误。
④扶手强度不够。
⑤在拆除扶手以及安全防护网的施工后未恢复原样。
⑥严禁入内的防范措施不充分。
⑦设置在危险或禁止入内的区域。
⑧未使用安全带。
⑨洞口处未设置警示标识。
⑩洞口处遮盖板的强度不够。
⑪遮盖板的固定等保护措施不充分。
⑫遮盖板的使用方法错误。
⑬物体的吊挂方式错误。

■ 洞口处周边施工的安全检查要点

• 在高度2m以上的施工楼板端部及洞口处等地点须设置安全防护网、扶手及遮盖板等防护设施。难以设置防范设施时，或者由于施工需要而须临时拆除防范设施时，须设置安全防护网，施工人员应使用安全带。

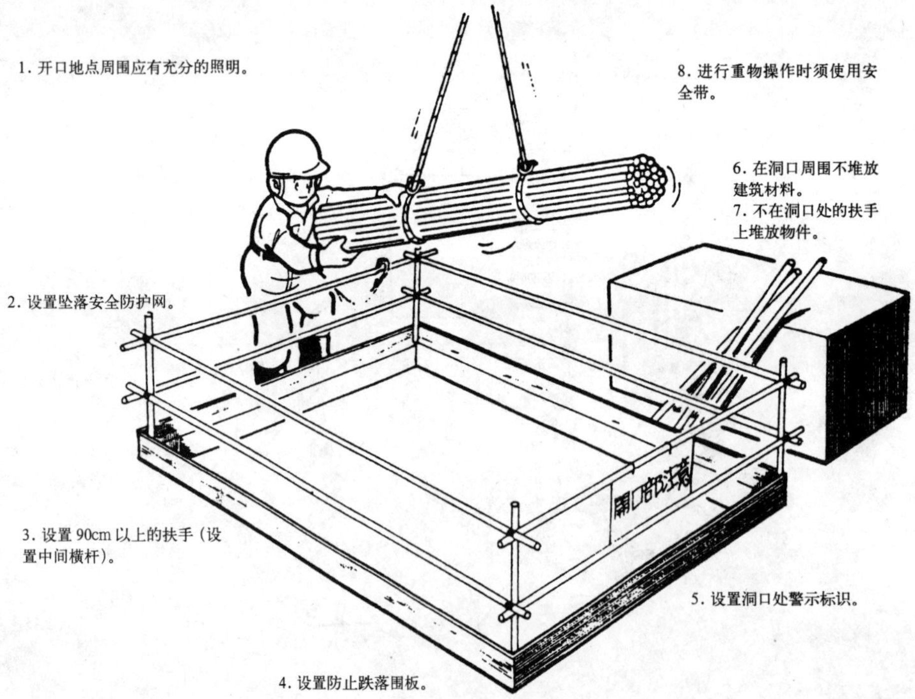

实例　23	1	坠落、跌落事故	1.1.4	洞口处及施工面临边施工

◆ 欲靠向洞口处的扶手时，因扶手脱落而跌落

【事故发生简介】

在 2 层钢筋混凝土楼板上休息的工人，欲靠向安装在楼板洞口处周围的扶手时，固定扶手底部的楼板部分破损，失足从 12m 的高度坠落。

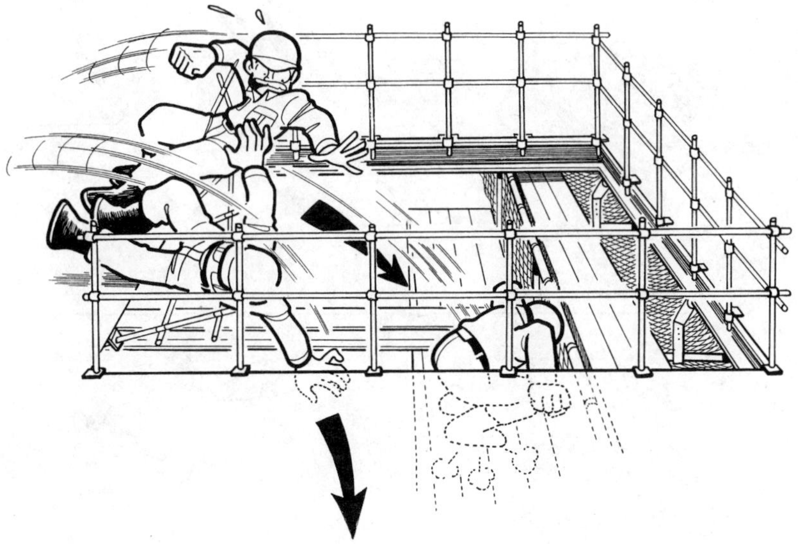

【主要原因】 ②④

实例　24	1	坠落、跌落事故	1.1.4	洞口处及施工面临边施工

◆ 吊装施工中失去平衡，从安全防护网未复原的扶手空挡处跌落

【事故发生简介】

站台施工中，在完成盖板拆除作业后，为吊装横梁，工人解开安全带作业，由于吊件晃动，身体失去平衡，从安全防护网未复原的扶手空挡处跌落至 19m 以下地面。

【主要原因】 ⑤

实例 25	1	坠落、跌落事故	1.1.4	洞口处及施工面临边施工

◆ 清扫作业中，由于拆除洞口处的遮盖板而跌落

【事故发生简介】

工人在进行地面清扫时，不知位于洞口处的混凝土板为遮盖板，在将其拆除过程中不慎从洞口处跌落。

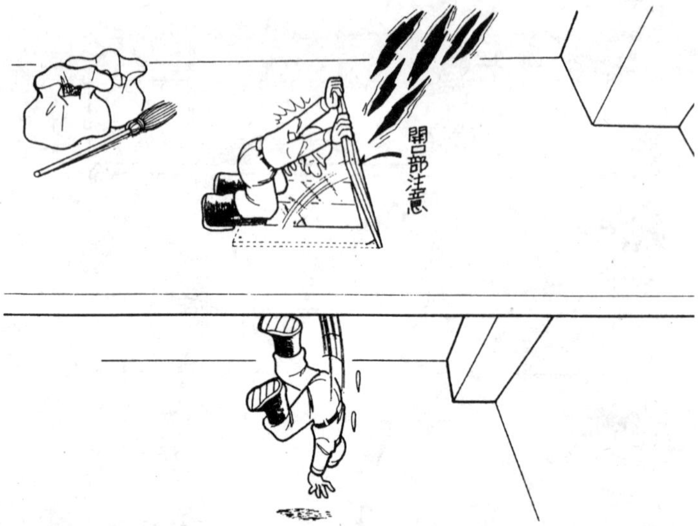

【主要原因】 ⑨ ⑪ ⑫

实例 26	1	坠落、跌落事故	1.1.4	洞口处及施工面临边施工

◆ 在进行清扫作业时，不慎从已拆除遮盖板的洞口处跌落

【事故发生简介】

工人在3层混凝土的楼面上进行清扫作业时，不慎从已拆除遮盖板的吊件专用洞口处（450mm×950mm）跌落至2.8m下的混凝土地面。

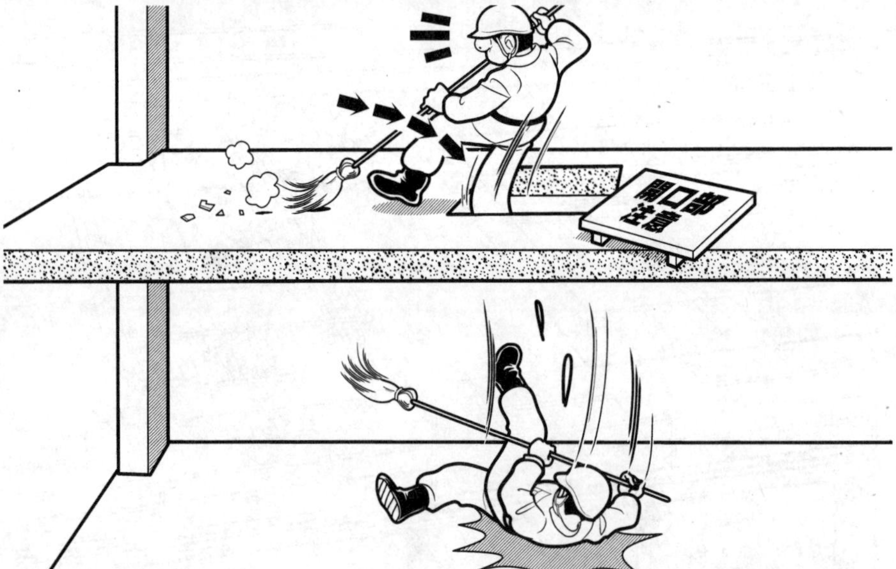

【主要原因】 ③ ⑫

实例 27	1	坠落、跌落事故	1.1.4	洞口处及施工面临边施工

◆ 在塔吊吊卸脚手架的过程中，工人与吊件一起被拉向外面而跌落

【事故发生简介】

工人在4层，当塔吊吊卸已拆除的脚手架时，工人不慎与吊件一起被拉向建筑物的外部而跌落。

【主要原因】 ⑧ ⑬

实例 28	1	坠落、跌落事故	1.1.4	洞口处及施工面临边施工

◆ 在塔吊吊卸材料的过程中，工人与吊件一起跌落到建筑物外部

【事故发生简介】

工人使用塔吊将吊件吊向建筑物外部时，吊件被挂在楼面的外墙钢筋上。工人为了解除勾挂而推压吊件时，与吊件一起被带向建筑物外部而坠落。

【主要原因】 ⑧ ⑬

实例 29	1	坠落、跌落事故	1.1.4	洞口处及施工面临边施工

◆ **钢筋工在传递钢筋时从未铺设站板（未施工）的洞口处跌落**

【事故发生简介】

钢筋工在一层未铺设站板的洞口处（严禁入内）将钢筋（直径为10mm，长7m，共90根）转交给地下一层的同伴时，身体失去平衡，跌入地下一层的地面（虽身着安全带但未使用）。

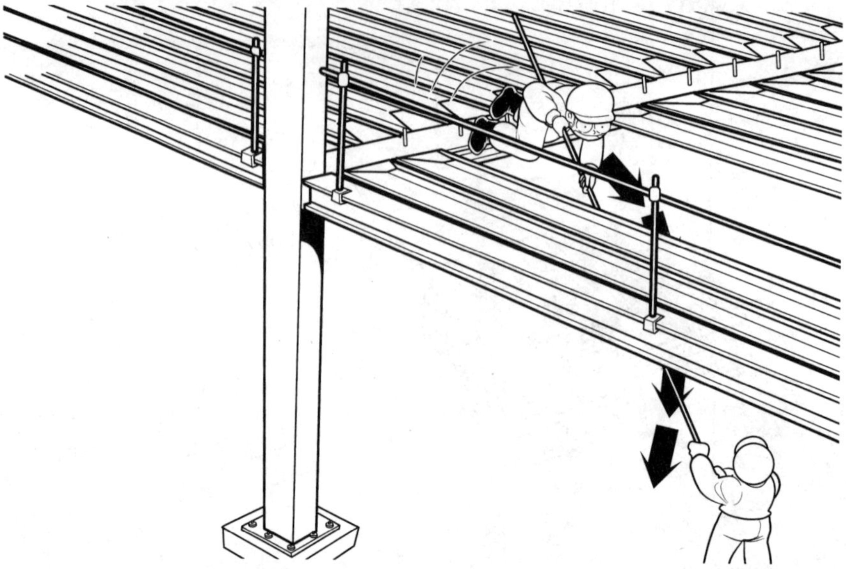

【主要原因】 ②⑧

实例 30	1	坠落、跌落事故	1.1.4	洞口处及施工面临边施工

◆ **在清扫楼板时站在洞口处遮盖板上，因遮盖板断裂而坠落**

【事故发生简介】

工人在空调机室清扫因喷射耐火材料而产生的碎屑时，为方便清扫站于洞口处的遮盖板上，因遮盖板断裂而坠落。

【主要原因】 ⑩⑪

实例 31	1	坠落、跌落事故	1.1.4	洞口处及施工面临边施工

◆ 在为安装 ALC 隔板进行钻孔时，从楼板端部坠落

【事故发生简介】

为了在一楼楼梯周围安装 ALC 隔板，工人在打铆钉时不慎从一楼楼梯端部坠落至一楼地面（为了安装 ALC 板而撤除了扶手栏杆）。

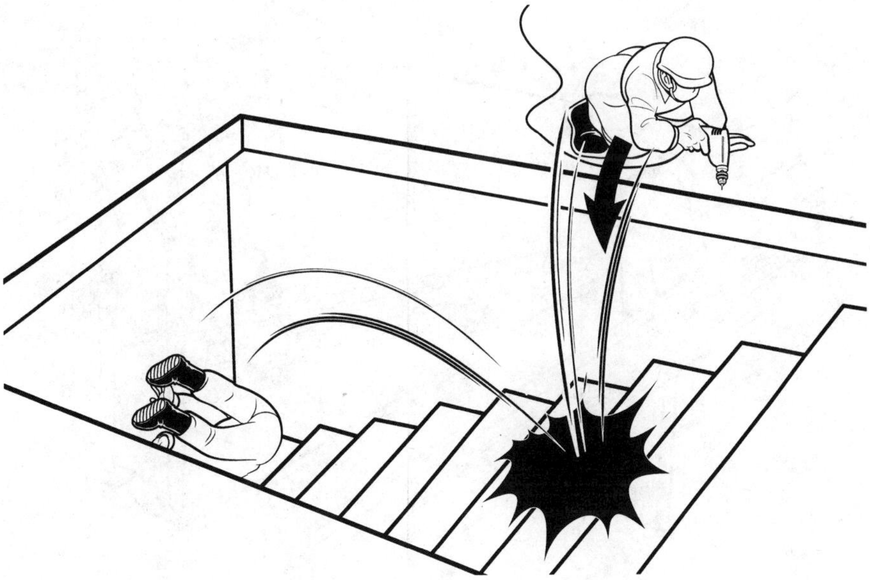

【主要原因】 ⑤

实例 32	1	坠落、跌落事故	1.1.4	洞口处及施工面临边施工

◆ 调查横梁裂缝时，脚在水槽板上踏空而跌落

【事故发生简介】

在地下 2 层的水泵房内，工人在水槽板上进行混凝土横梁的裂缝检查时，由于精神过于集中于观察裂缝而没有注意已经走到水槽的端部，失足而跌落。

【主要原因】 ②⑦⑧

实例 33	1	坠落、跌落事故	1.1.4	洞口处及施工面临边施工

◆ 安装楼板模板时，在一边移动一边传送模板时踩空而跌落

【事故发生简介】

模板工在安装楼板模板施工作业中，与同伴一起在横梁模板上一边单手抓住横梁模板一边移动时，脚下踩空而跌落。

【主要原因】 ⑧

实例 34	1	坠落、跌落事故	1.1.4	洞口处及施工面临边施工

◆ 在堆放物资的平台上，进行模板的吊装作业时跌落

【事故发生简介】

模板工在堆放物资的平台上，使用塔式起重机装卸模板（混凝土板），当工人堆积模板（高度 90cm）并在其上进行吊装拆卸时，由于堆积的模板晃动而越过栏杆坠落。

【主要原因】 ③⑦⑧

实例 35	1	坠落、跌落事故	1.1.4	洞口处及施工面临边施工

◆ 在跨越扶手前往脚手架时坠落

【事故发生简介】

在进行混凝土浇筑准备工作时，为确认混凝土施工位置，抄近路跨越扶手前往脚手架时坠落受伤。

【主要原因】 ③⑦⑧

实例 36	1	坠落、跌落事故	1.1.4	洞口处及施工面临边施工

◆ 从圆形爬梯上坠落

【事故发生简介】

在隧道施工中，安装侧壁混凝土模板时（长 9m），手拿工具从爬梯下来时不小心从 3m 高处坠落。

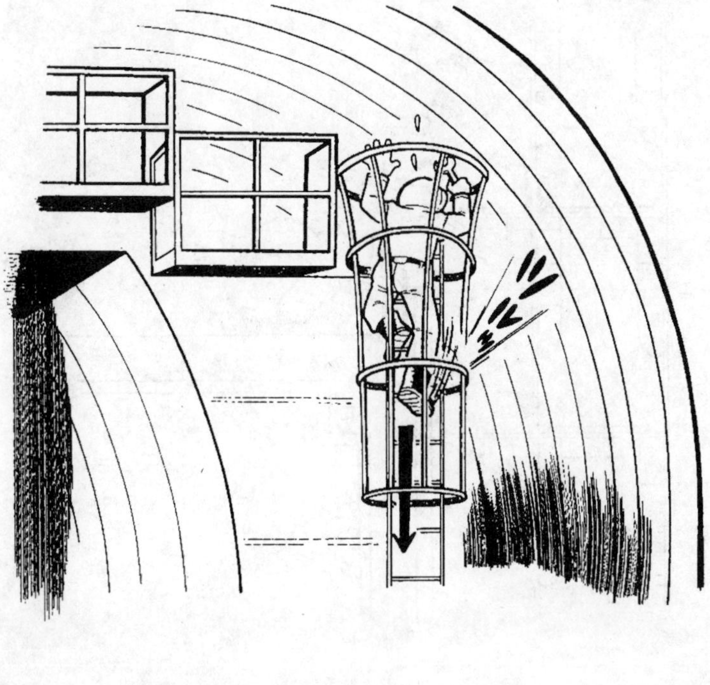

【主要原因】 ③⑧

实例 37	1	坠落、跌落事故	1.1.4	洞口处及施工面临边施工

◆ 在设置养护模板时，坠落至 1.5m 下方

【事故发生简介】

制作方形砌块，浇筑完混凝土进行养护过程中，在设置养护模板（角形钢管 6cm，长 2.34m，高 1.52m）时失去平衡而坠落。四周未设置扶手等安全设施。

【主要原因】 ①③⑧

实例 38	1	坠落、跌落事故	1.1.4	洞口处及施工面临边施工

◆ 从脚手架上跨越至楼面板时跌倒

【事故发生简介】

在进行钢筋绑扎施工中，工人从脚手架跨上楼面板时，脚跟打滑向后跌倒，楼板外露钢筋刺入大腿而受伤。

【主要原因】 ①⑦

实例 39	1	坠落、跌落事故	1.1.4	洞口处及施工面临边施工

◆ 某层楼端部洞口处，在模板拆除施工中坠落

【事故发生简介】

在某层楼端部，利用移动施工平台拆除洞口处模板时，由于木板埋在混凝土中，从移动施工平台走上楼面试图用撬杠拆除木板，但撬杠没对准失去平衡而坠落。

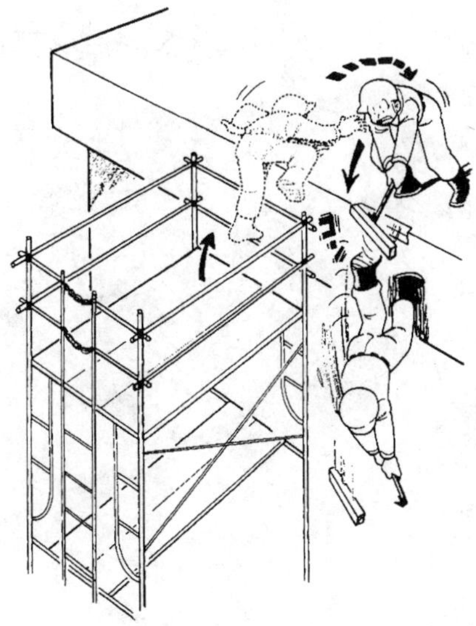

【主要原因】 ①③⑧

实例 40	1	坠落、跌落事故	1.1.4	洞口处及施工面临边施工

◆ 脚踩在脚手架管上而绊倒

【事故发生简介】

在去取屋顶材料的过程中，踩在地面上的脚手架管上，向后跌倒。

【主要原因】 ③⑦

实例 41	1	坠落、跌落事故	1.1.4	洞口处及施工面临边施工

◆ 在平板上滑倒

【事故发生简介】

从二楼到一楼搬运物资过程中，因平板表面沾有雨水，工人在平板上走动时脚底打滑摔倒。

【主要原因】 ③⑦

实例 42	1	坠落、跌落事故	1.1.4	洞口处及施工面临边施工

◆ 肩扛方钢管时夹住了手

【事故发生简介】

在搬运靠立在墙壁处的钢管时，因其中部分钢管倒下，工人的手被夹在肩扛的钢管和倒下的钢管之间。

【主要原因】 ③

1.2　脚手架的安装和拆除施工

1	坠落、跌落事故	1.2	脚手架的安装和拆除施工

主要原因

①升降设备上没有采取防跌落措施。
②防跌落设备有缺陷。
③不使用升降设备而攀援脚手架（走捷径行为）。
④没有系安全带。
⑤在重新佩带安全带时失去平衡。
⑥发生施工变更时，没有将变更的施工程序通知相关人员。
⑦没有安全防护网、扶手等防止跌落设施。
⑧未设置跌落安全防护网，或防护网有缺陷（施工方案上的缺陷）。
⑨脚手架板未经捆扎而呈不稳定状态（施工程序不佳）。
⑩进入了危险区域（不安全行为）。
⑪施工方法、施工程序不佳，或存在缺陷。
⑫没有选定施工负责人。
⑬没有制定施工方案和施工程序，或事前计划不充分。
⑭强行进行不安全的物件吊装。
⑮吊件的拆卸方法不佳。

■ **脚手架的安装和拆除施工**

解决办法

① 在施工技术主管或施工指挥人员的指挥下进行施工作业。
② 进行材料装卸时，指定专门人员按照规定的手势进行指挥。
③ 在脚手架上进行施工时，须使用安全带并跨接在主绳上。
④ 不在脚手架上放置不稳定的物件。
⑤ 不从脚手架上强行将物件抛下。
⑥ 在危险的场地采取禁止入内措施或设置禁止入内标识。
⑦ 脚手架的升降使用规定的升降设备（不顺着其他构件攀上爬下）。
⑧ 进行安装时，在地板端部采取防坠落措施。
⑨ 正确使用铺板两端的挂钩。
⑩ 吊钩操作人员必须是专业技术人员。

■ 脚手架上的施工

1	坠落、跌落事故	1.2	脚手架的安装和拆除施工

解决办法

①在脚手架上进行有反弹力的施工时必须使用安全带。
②由于施工的需要而拆除脚手架的防护带时，施工后必须立刻恢复原样。
③脚手架的升降必须使用规定的升降设备。
④在脚手架上进行物件的装卸时必须使用安全带。
⑤不需要的材料或辅助材料临时放置在脚手架上时必须使用链条固定。
⑥不从脚手架上装卸物件。
⑦必须固定脚手架的站板。
⑧不站在脚手架站板的挑出部位上。

■ 脚手架安装及拆卸施工的安全检查要点

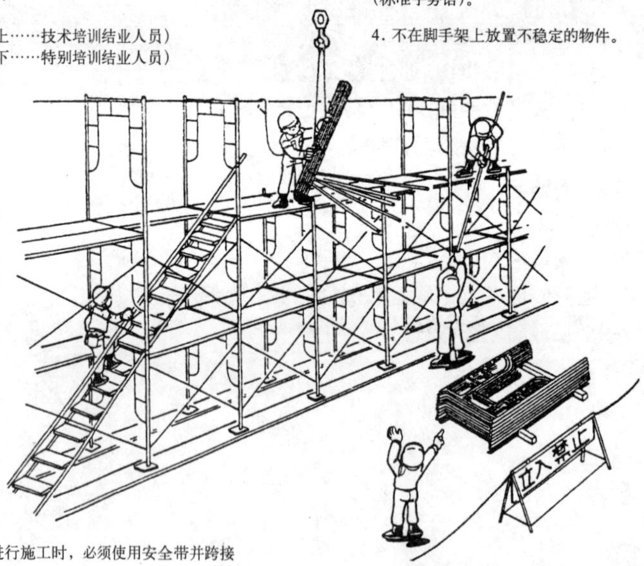

实例 43	1	坠落、跌落事故	1.2	脚手架的安装和拆除施工

◆ **工人在拆除脚手架时，身体失去平衡，与脚手架一起跌落**

【事故发生简介】

工人在外部脚手架 7 层处（距地面 12.4m）进行脚手架拆除作业时，身体失去平衡，与脚手架一起坠落。

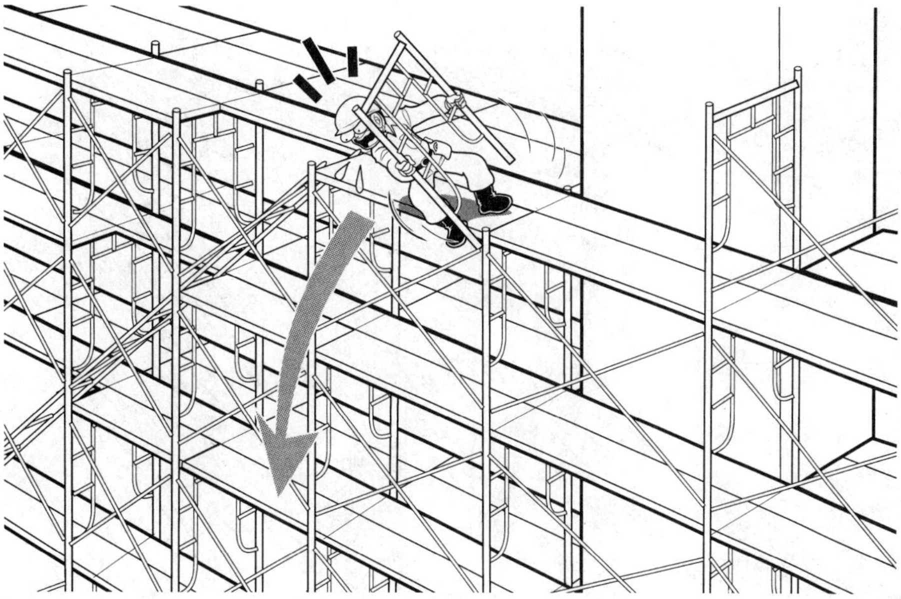

【主要原因】 ④⑧

实例 44	1	坠落、跌落事故	1.2	脚手架的安装和拆除施工

◆ **在拆除脚手架的施工作业中，重新设置主绳时失误而坠落**

【事故发生简介】

工人在进行外部脚手架的拆除作业中，当拆完 9 层进入第 8 层第 2 榀架子的拆除时，工人发现脚手架从第4榀架子起改为简易形式，由于主防护绳穿过框架子至使拆除物无法搬出，于是试图将主绳改设在框架外侧，在移动中身体失去平衡而坠落。

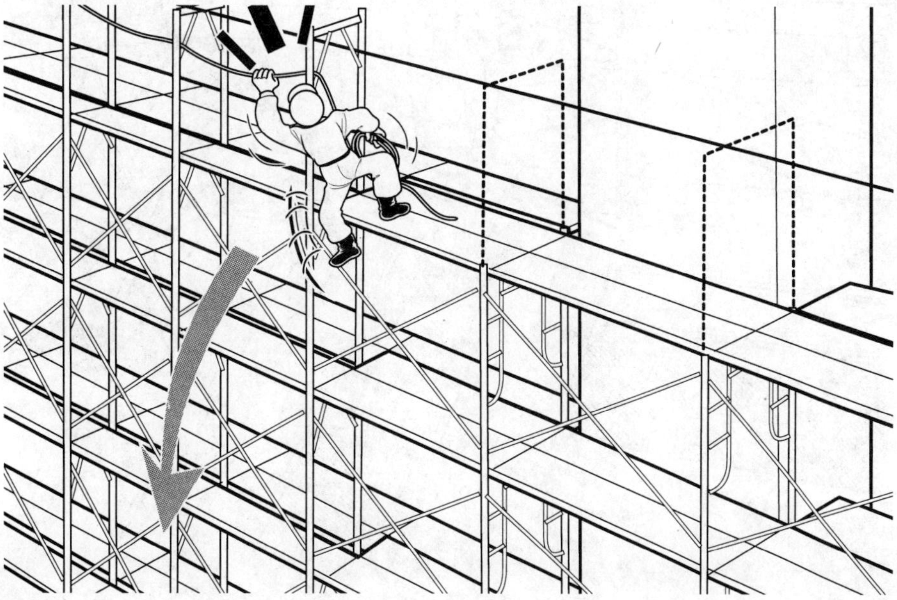

【主要原因】 ④ ⑪

实例 45	1	坠落、跌落事故	1.2	脚手架的安装和拆除施工

◆ 在重新安装脚手架的施工中，工人试图从脚手架的一侧攀登时跌落

【事故发生简介】

工人在安装脚手架的施工中，解除安全带，欲从下层脚手架攀至上层脚手架时，身体失去平衡，从约22m的高处坠落。

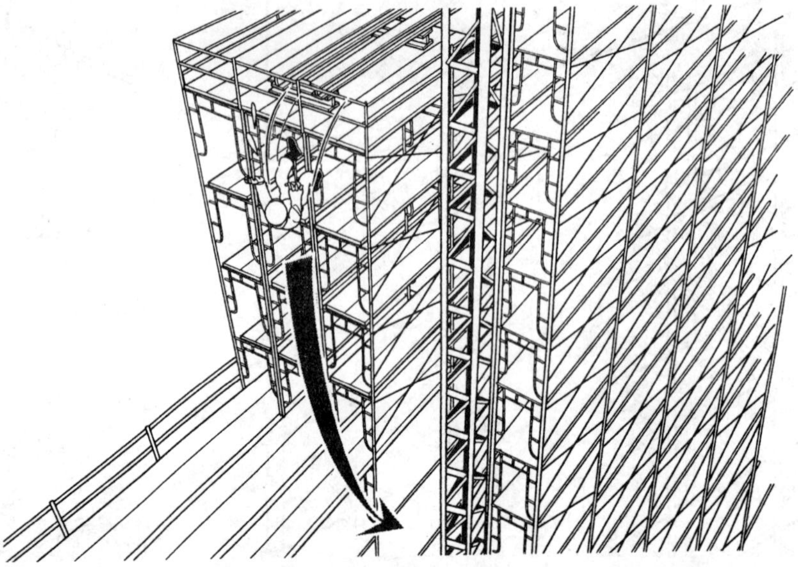

【主要原因】 ③④

实例 46	1	坠落、跌落事故	1.2	脚手架的安装和拆除施工

◆ 工人顺着脚手架的框架爬下时，从洞口处跌落

【事故发生简介】

工人在进行脚手架的安装施工时，顺着脚手架的框架（宽度600mm）爬下，身体从洞口处（500mm×740mm）坠落。

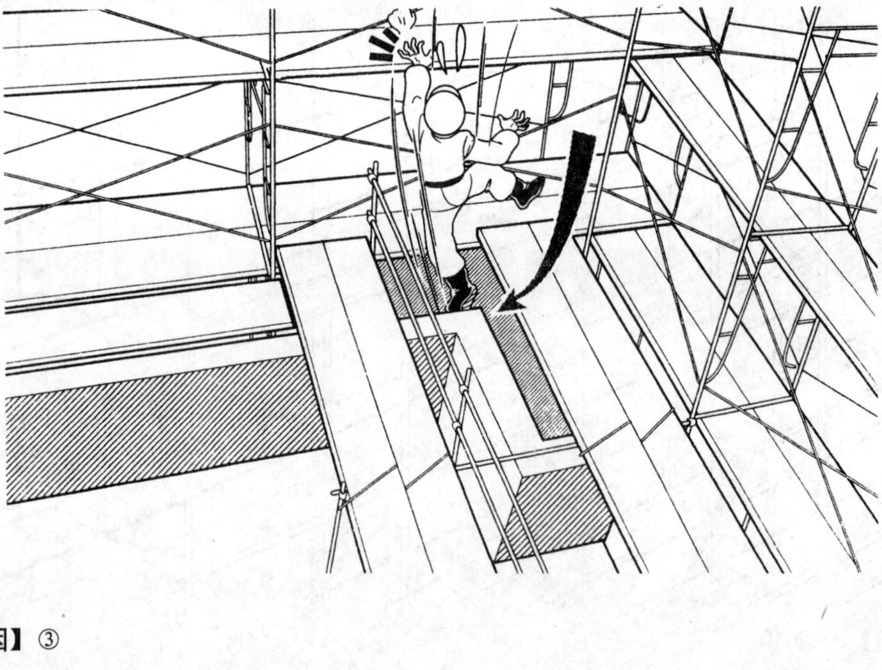

【主要原因】 ③

实例 47	1	坠落、跌落事故	1.2	脚手架的安装和拆除施工

◆ **将大型脚手架组件与现有脚手架连接时，从脚手架洞口处坠落**

【事故发生简介】

在进行脚手架的安装施工中，吊车将大型脚手架组件吊至与现有脚手架进行连接。工人完成施工，准备返回地面时，从连接部分的脚手架洞口处坠落。

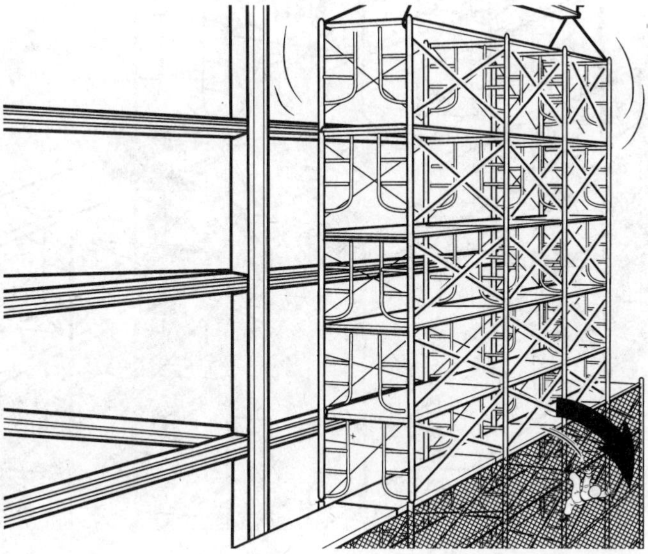

【主要原因】 ①④ ⑪⑬

实例 48	1	坠落、跌落事故	1.2	脚手架的安装和拆除施工

◆ **在进行大型脚手架的安装施工中，从脚手架的侧面攀登时，失手坠落**

【事故发生简介】

在进行外部脚手架的安装施工时，将 4 至 5 组设为一个大的跨度组件用吊车吊起，工人在安装完毕的第 3 层脚手架上设置完大型脚手架组件后，绕过 3 层脚手架的铺板，欲从脚手架侧面攀上 4 层时失手，身体失去平衡，从大约 5.25m 的高度处坠落。

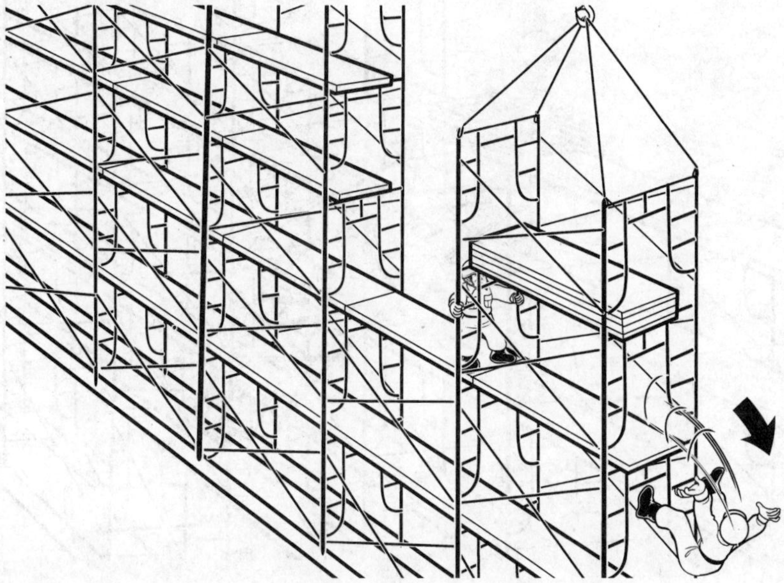

【主要原因】 ②③④ ⑪⑬

实例　49	1	坠落、跌落事故	1.2	脚手架的安装和拆除施工

◆ 在进行外部脚手架的安装时，从交叉的剪刀撑中间坠落

【事故发生简介】

在钢筋混凝土结构的施工中，工人在进行外部脚手架的安装时。当安装完第6层剪刀撑后准备安装第7层的铺板时，从交叉的剪刀撑中间跌至大约10.4m下的道路。

【主要原因】 ②④

实例　50	1	坠落、跌落事故	1.2	脚手架的安装和拆除施工

◆ 在进行外部脚手架的安装作业中，身体失去平衡而坠落

【事故发生简介】

工人在进行外部脚手架的安装中，在脚手架的材料接收处拿取模板时身体失去平衡，与模板一起坠落。

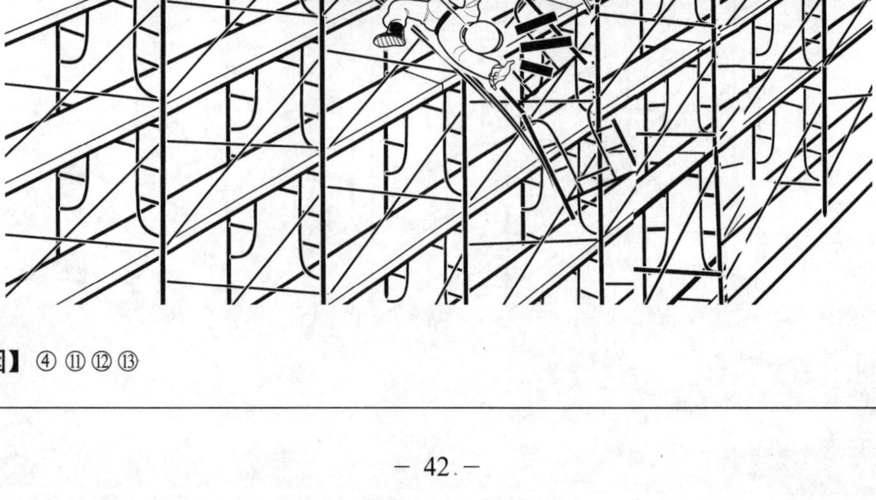

【主要原因】 ④ ⑪⑫⑬

实例 51	1	坠落、跌落事故	1.2	脚手架的安装和拆除施工

◆ 脚手架安装施工中，工人试图重新挂安全带的挂钩时，身体失去平衡而跌落

【事故发生简介】

工人在最上层（第6层）脚手架的安装施工中，安装完剪刀撑后，在即将开始下一个作业时，为了安全起见重新勾挂安全带的挂钩，当解除挂钩将其转换方向时，身体失去平衡而从脚手架跌落。

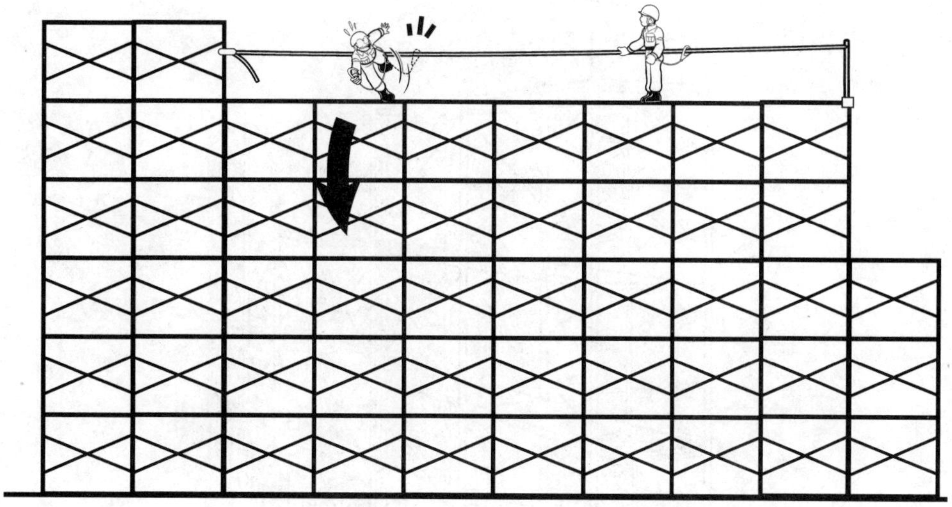

【主要原因】 ⑤

实例 52	1	坠落、跌落事故	1.2	脚手架的安装和拆除施工

◆ 在进行内部脚手架单管的调整时，失足坠落

【事故发生简介】

在增设用于支撑倾斜屋面大梁的内部脚手架的施工中，工人为了调整伸出脚手架的部分管道，当要松开固定在脚手架上的夹具时，失足而跌落。

【主要原因】 ②④⑥⑫

实例 53	1	坠落、跌落事故	1.2	脚手架的安装和拆除施工

◆ 在脚手架的安装施工中，工人肩扛站板行走时被突然刮起的风吹倒而坠落

【事故发生简介】

工人在外部脚手架的顶层进行脚手架安装施工中，肩扛一块站板行走时，被突然刮起的风吹倒，身体失去平衡和站板一起坠落。

【主要原因】 ④⑧⑪⑫

实例 54	1	坠落、跌落事故	1.2	脚手架的安装和拆除施工

◆ 拆除脚手架的施工中，工人用手向下传递站板时，身体失去平衡而坠落

【事故发生简介】

在拆除外部脚手架的施工中，工人用手向下传递站板时，身体失去平衡而坠落。

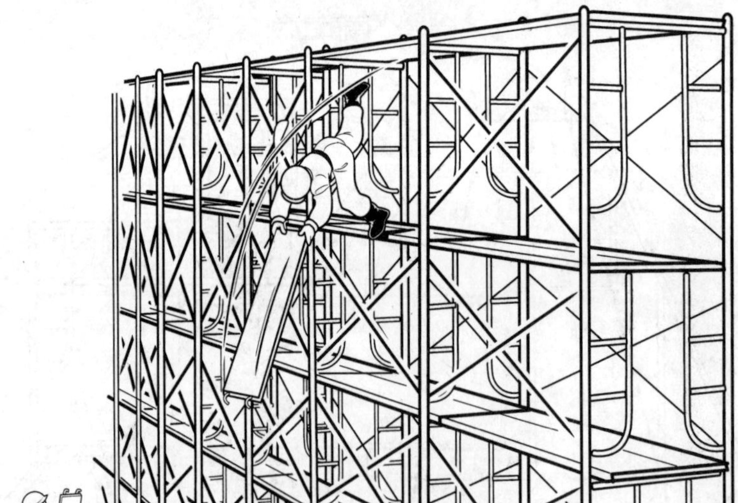

【主要原因】 ④⑪⑫⑬

实例 55	1	坠落、跌落事故	1.2	脚手架的安装和拆除施工

◆ 工人拆除脚手架的站板，向下层传递时失足坠落

【事故发生简介】

在拆除外部脚手架的施工中，工人拆除站板，向下层传递时失足坠落。

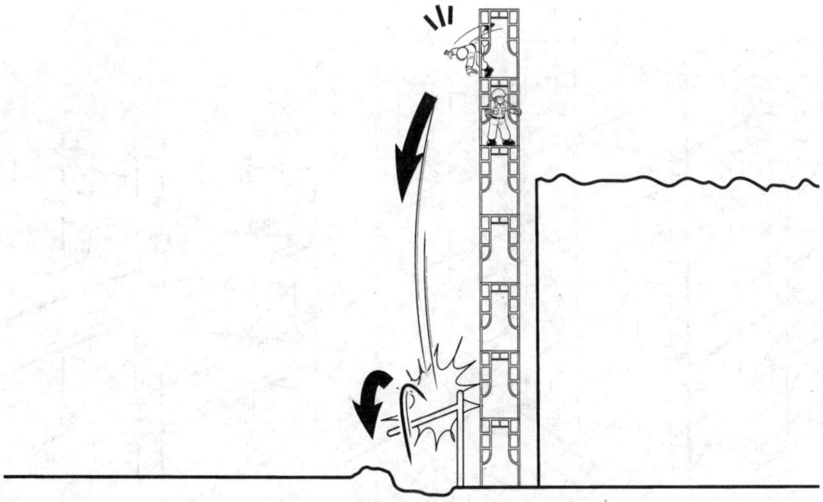

【主要原因】 ④ ⑪

实例 56	1	坠落、跌落事故	1.2	脚手架的安装和拆除施工

◆ 在进行彻底拆除脚手架的施工中，松解吊索时，因脚手架倒塌而坠落

【事故发生简介】

在拆除外部脚手架的施工作业中，使用安置在屋顶的起重机将已拆除的脚手架（2层，2榀）吊起，临时堆放在屋顶，工人爬上脚手架上解除挂钩并将其捆扎在一起后，起重机驾驶员进行卷起钢绳的操作，由于钢绳的头部挂到固定脚手架扶手的螺栓，脚手架发生倾斜，2名工人从30m的高处坠落至地面。

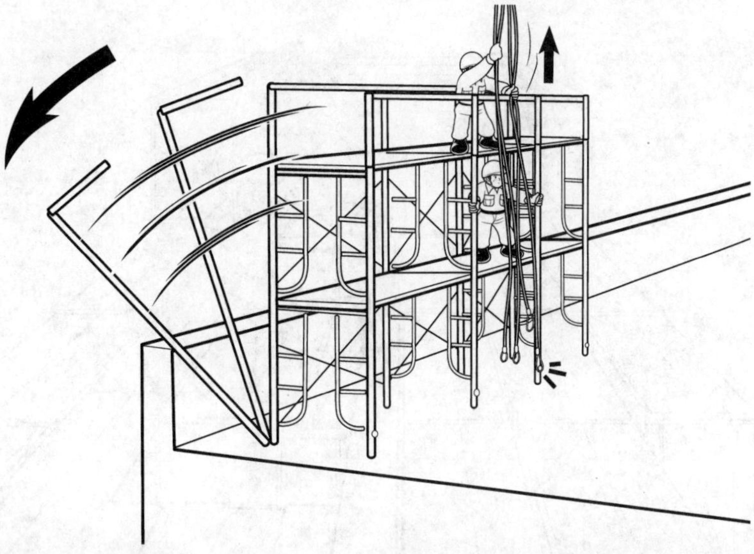

【主要原因】 ⑪ ⑮

实例 57	1	坠落、跌落事故	1.2	脚手架的安装和拆除施工

◆ 在拆除脚手架的施工中，因为脚手架框架无法拔出，当试图将其拔出时，身体失去平衡而坠落

【事故发生简介】

工人在进行拆除外部脚手架的施工中，由于第五层模板无法拆除，工人便将五层和六层模板合在一起拔出时，由于反弹力，身体失去平衡而坠落。

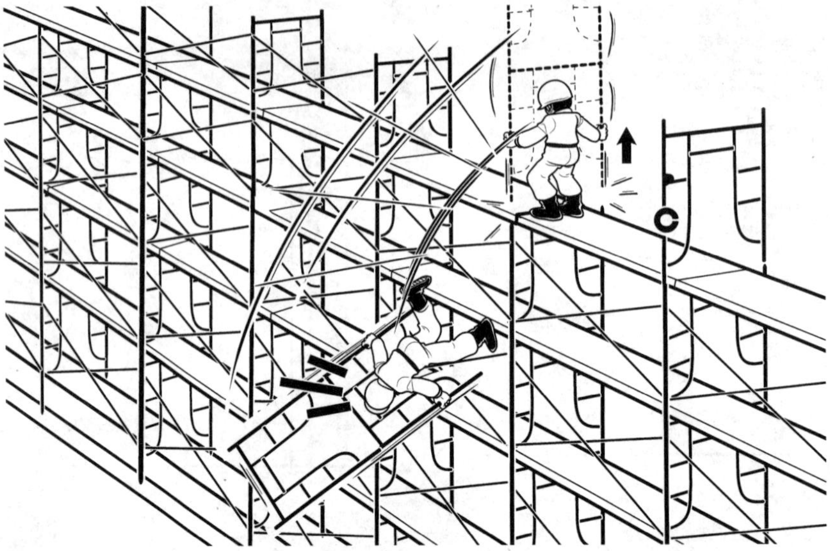

【主要原因】 ④ ⑧ ⑪ ⑬

实例 58	1	坠落、跌落事故	1.2	脚手架的安装和拆除施工

◆ 在脚手架上铺设站板时，因未固定的站板翘起而坠落

【事故发生简介】

在脚手架的最上层铺设站板，当工人行走在尚未固定在横管的站板上时，因站板翘起，工人从 7m 高处跌落至混凝土地面。

原计划是采用橡胶圈一块一块地进行捆绑，但实际情况是将并排铺设的站板的两端每隔 4m 用钢筋压住并用钢丝进行捆绑。

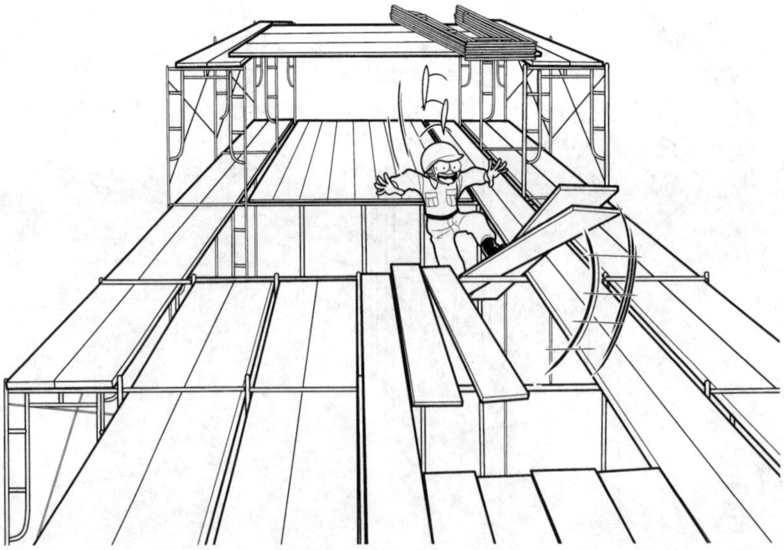

【主要原因】 ⑨ ⑪ ⑬

实例　59	1	坠落、跌落事故	1.2	脚手架的安装和拆除施工

◆ 手持物件攀登脚手架时坠落

【事故发生简介】

在搭建脚手架的施工中，工人手持两个夹具攀登脚手架的途中，失足从3.5m的高空坠落（没有设置升降设备）。

【主要原因】 ③④

实例　60	1	坠落、跌落事故	1.2	脚手架的安装和拆除施工

◆ 在拆除脚手架的施工中因施工方法不正确而坠落

【事故发生简介】

在进行脚手架的拆除施工中，工人脚踩在脚手架的钢管上拆除碗扣时，因施工方法不正确，扳手从螺钉上脱落，其反弹力使工人身体失去平衡而坠落。

【主要原因】 ②④⑦

实例 61	1	坠落、跌落事故	1.2	脚手架的安装和拆除施工

◆ 工人欲从脚手架移动至屋顶时坠落

【事故发生简介】

工人在铺设屋面的施工中，试图强行从脚手架攀登至屋面时，失足坠落（没有设置升至屋面的升降设备）。

【主要原因】③④ ⑪

实例 62	1	坠落、跌落事故	1.2	脚手架的安装和拆除施工

◆ 落下的木板击中脚面

【事故发生简介】

在脚手架的安装施工中，工人将一块重约15kg的木板（600mm×1800mm）从过道上传递给下方2.5m处的工人，下方的工人失手未接住木板，坠落的木板砸中工人的脚面。

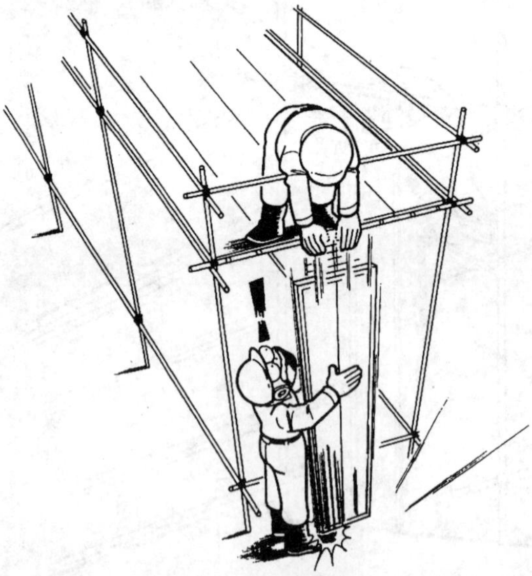

【主要原因】⑪ ⑭

实例　63	1	坠落、跌落事故	1.2	脚手架的安装和拆除施工

◆ 跳落时脚底磕碰到树根而受伤

【事故发生简介】

工人为了巡视1楼的器械堆放场而抄近路，从2层（H=1.8m）高的外部脚手架跳落至地面时，脚底磕碰到树根而受伤。

【主要原因】 ③⑩

实例　64	1	坠落、跌落事故	1.2	脚手架的安装和拆除施工

◆ 因脚手架材料脱落而跌倒

【事故发生简介】

在进行脚手架的安装施工中，工人在外部脚手架上走动时，因转角处的局部脚手架（脚手架钢管、脚手架板）脱落，工人身体失去平衡而跌倒。

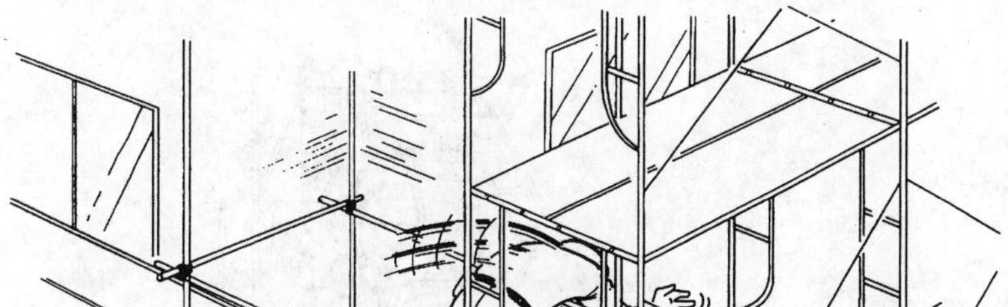

【主要原因】 ④⑨

实例 65	1	坠落、跌落事故	1.2	脚手架的安装和拆除施工

◆ 因扶手脱落而坠落

【事故发生简介】

工人在 3 层高的脚手架上将手扶在扶手上走动时，扶手上的钢管夹具脱落，工人身体失去平衡，从 11.6m 的高度坠落至废弃混凝土上。

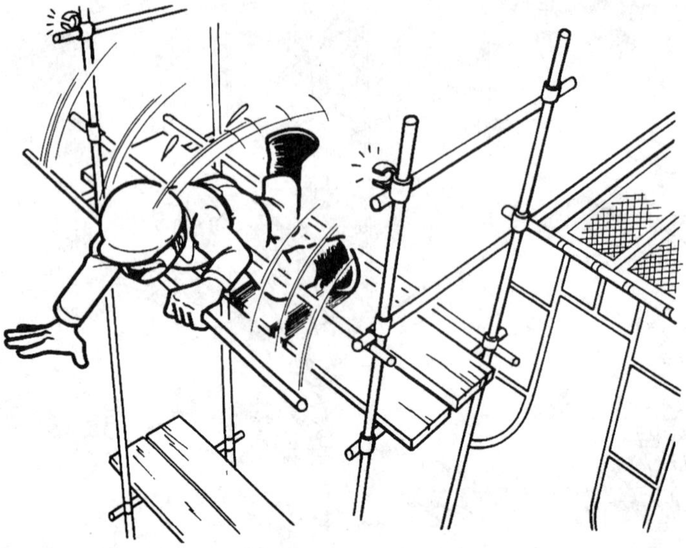

【主要原因】 ②④⑨

实例 66	1	坠落、跌落事故	1.2	脚手架的安装和拆除施工

◆ 工人在攀登金属脚手架时因抄近路而坠落

【事故发生简介】

在脚手架的安装施工中，工人为了抄近路去工地而攀登脚手架，在爬至第 2 层时失足，从 3.4m 的高处坠落。

【主要原因】 ③④

1.3 钢结构搭建，钢结构的临边施工

1	坠落、跌落事故	1.3	钢结构搭建，钢结构的临边施工

主要原因

①夹具脱落（焊接不良）。
②升降时未使用垂直方向的主绳和安全带。
③升降设备有缺陷。
④在没有升降设备的地方进行攀登（走捷径行为）。
⑤未使用安全带。
⑥未使用扶手、安全防护网、主绳等坠落防护设施或设施有缺陷。
⑦吊件的拆卸方法错误。
⑧在重新安装安全带的挂钩时失去平衡。
⑨未走指定的通道（走捷径行为）。
⑩拆除了主绳和安全防护网。
⑪未设置好高空脚手平台。
⑫未制定施工计划及施工程序，或计划和程序不充分。
⑬未规划通道及材料堆放场所，或规划设计不充分。
⑭通道不安全。
⑮站板未固定（施工程序有缺陷）。
⑯施工中缺乏施工联络和施工调整，手势语不充分。

■ 钢结构安装施工的安全检查要点

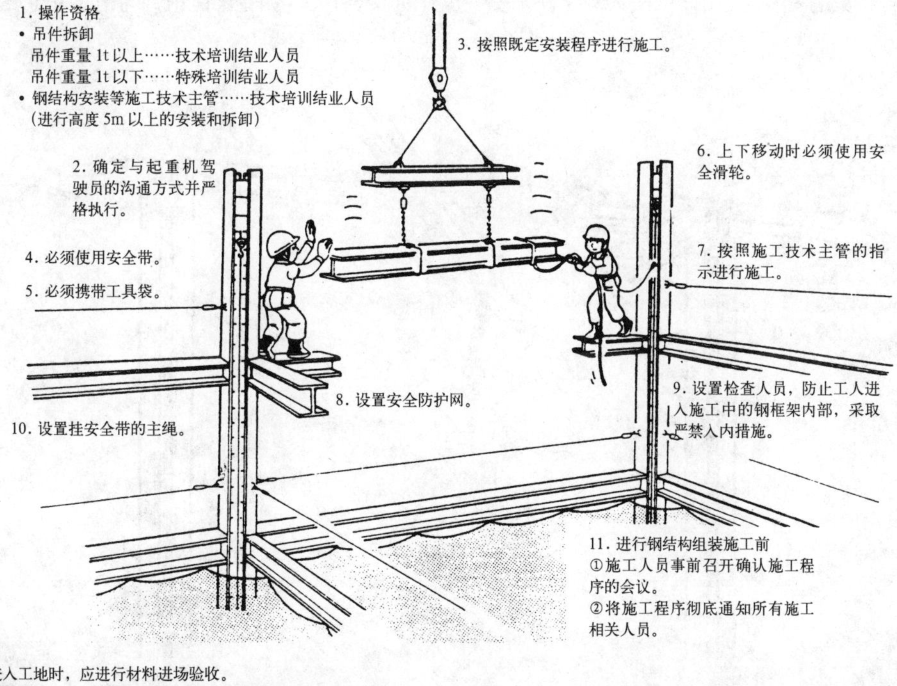

• 夹具等产品进入工地时，应进行材料进场验收。
• 对站板的承载重量进行充分考虑，设置具有足够承重强度的载物台。
• 标示最大容许承载重量并严格遵守。
• 站板铺设完毕后立即固定。

实例　67	1	坠落、跌落事故	1.3	钢结构搭建，钢结构的临边施工

◆ **试图顺着钢柱的梯子爬下时，因焊接处断裂而坠落**

【事故发生简介】

钢结构的施工作业中，工人试图顺着钢柱的梯子爬下时，由于所抓梯子的焊接处断裂而坠落。

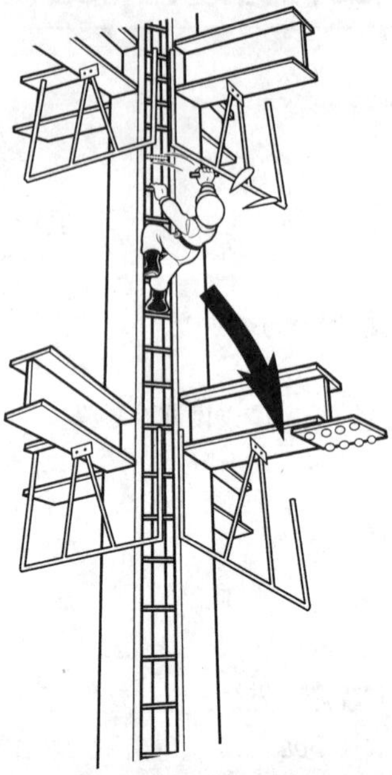

【主要原因】 ①②

实例　68	1	坠落、跌落事故	1.3	钢结构搭建，钢结构的临边施工

◆ **进行钢梁安装的施工中，因骑在尚未安装螺栓的横梁而坠落**

【事故发生简介】

在进行钢梁的安装施工中，当工人骑在尚未安装螺栓的横梁上时，因钢梁以吊钩为中心发生旋转而坠落。

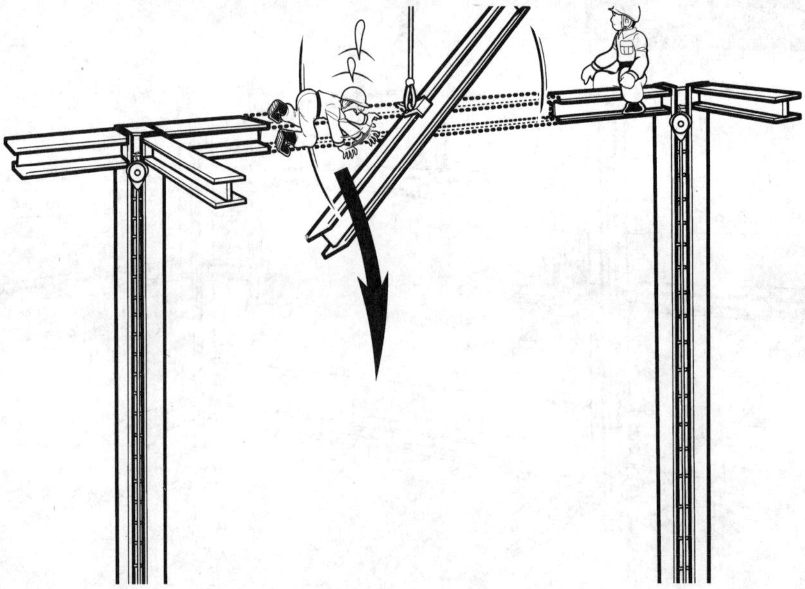

【主要原因】 ⑤⑥

实例 69	1	坠落、跌落事故	1.3	钢结构搭建，钢结构的临边施工

◆ **安装螺栓时，由于旁边正在进行安装的钢梁发生晃动而失去平衡坠落**

【事故发生简介】

工人在进行钢结构螺栓的安装施工时，同伴也在旁边进行钢梁的安装施工，由于钢梁无法进入预定位置，使用吊车拉动时钢梁发生晃动，工人身体失去平衡而坠落。

【主要原因】 ⑤⑦⑫⑯

实例 70	1	坠落、跌落事故	1.3	钢结构搭建，钢结构的临边施工

◆ **欲水平移动临时放置在梁上的站板材料时，失去平衡而坠落**

【事故发生简介】

工人为了取材料，在未系安全带的情况下独自走上 2 层的横梁，当欲跨越临时堆放的站板材料时，身体失去平衡从 3.9m 高度坠落至混凝土地面。

【主要原因】 ⑤⑥

实例 71	1	坠落、跌落事故	1.3	钢结构搭建，钢结构的临边施工

◆ 为了设置主绳而在钢梁上走动时，失去平衡而坠落

【事故发生简介】

工人安装完钢结构顶层的钢梁后，为设置主绳而在钢梁上走动时，被螺钉勾住裤腿，身体失去平衡而坠落。

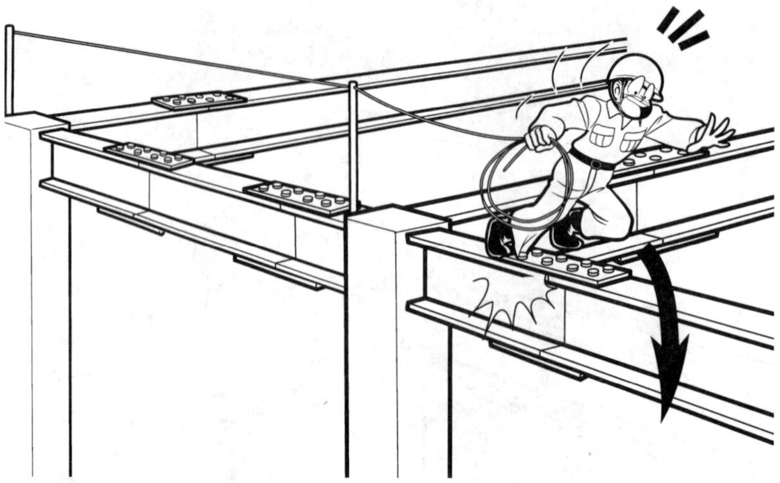

【主要原因】 ⑥ ⑫

实例 72	1	坠落、跌落事故	1.3	钢结构搭建，钢结构的临边施工

◆ 走在钢梁上，试图更换安全带的维系方式时失足坠落

【事故发生简介】

在钢结构施工中，工人从斜梁移至横梁，试图将安全带从斜梁的主绳上解开重新挂在横梁的主绳上时，失足坠落。当时周围没有设置水平防护网。

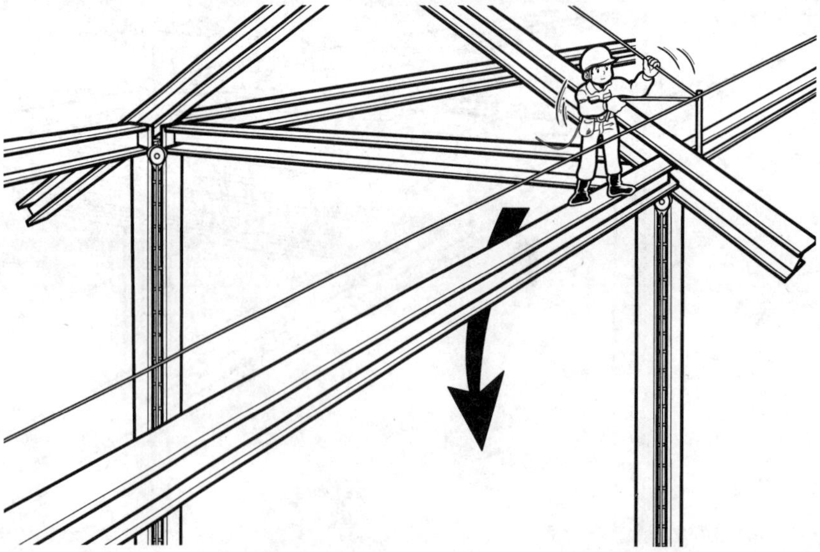

【主要原因】 ⑥⑧ ⑫

实例　73	1	坠落、跌落事故	1.3	钢结构搭建，钢结构的临边施工

◆ 在高空脚手架平台上固定螺栓时，因扳手滑脱，失去平衡而坠落

【事故发生简介】

工人在 2 层高的脚手架平台上使用扳手固定钢结构的高强螺栓时，因扳手滑脱，身体失去平衡而坠落。

【主要原因】 ⑤⑥ ⑫

实例　74	1	坠落、跌落事故	1.3	钢结构搭建，钢结构的临边施工

◆ 钢结构施工中，钢梁安装完毕后，试图在高空脚手架平台之间移动时坠落

【事故发生简介】

钢结构施工中，钢梁安装完毕后，工人为了到上层而在高空脚手架平台间水平移动时坠落（高空脚手架平台之间的水平站板设置在内侧，而外侧没有。扶手的高度仅有 54cm，中间也未设置铁链）。

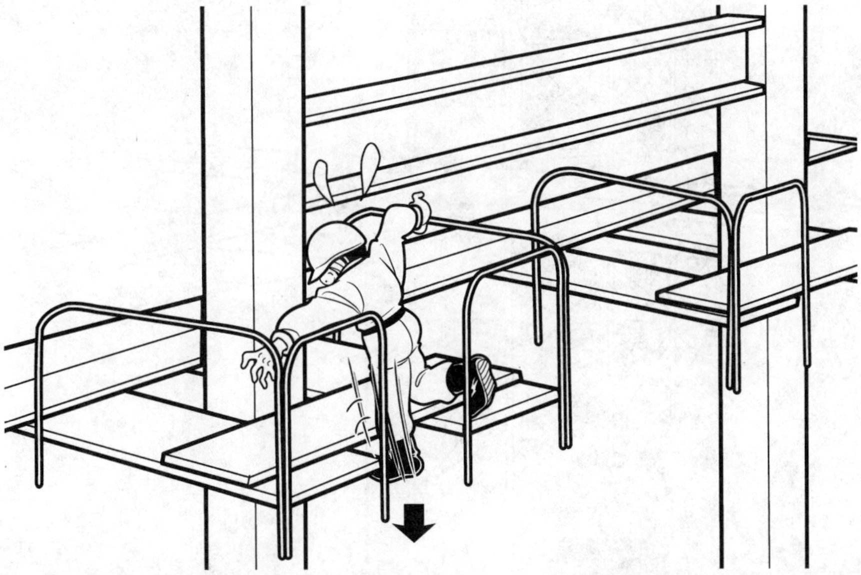

【主要原因】 ⑤⑥ ⑪⑫⑭

实例 75	1	坠落、跌落事故	1.3	钢结构搭建，钢结构的临边施工

◆ 在悬吊式脚手架上铺设安全防护网时坠落

【事故发生简介】

在 19 层的悬吊式脚手架上铺设防止坠落的水平防护网时，由于防护网勾挂在悬吊式脚手架的交叉捆绑部，工人在试图拉扯防护网时突然脱手，其反力使身体失去平衡，从 18 层的站板上向后方坠落。

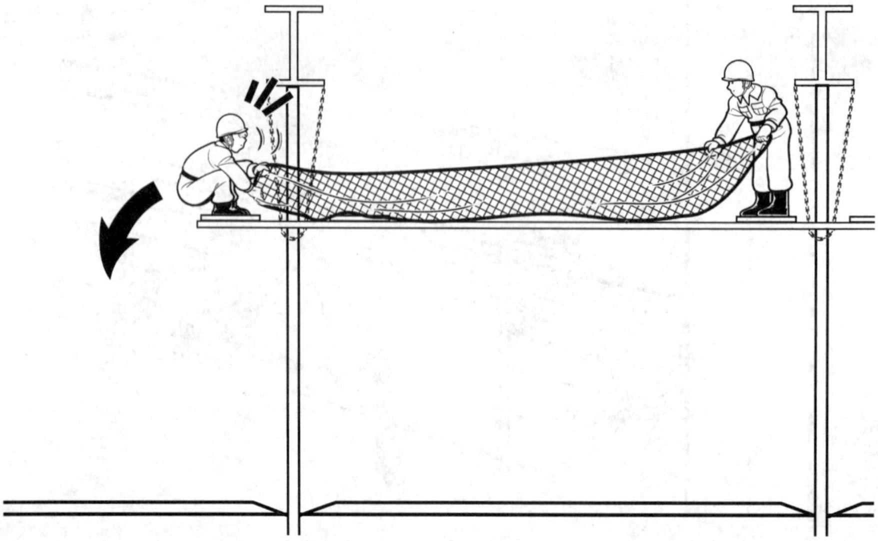

【主要原因】 ⑤ ⑫

实例 76	1	坠落、跌落事故	1.3	钢结构搭建，钢结构的临边施工

◆ 在架设在洞口处的脚手架站板上行走时，脚下踩空而坠落

【事故发生简介】

午休后，工人为了返回工地，在架设在洞口处的站板上行走时，脚下踩空而坠落。

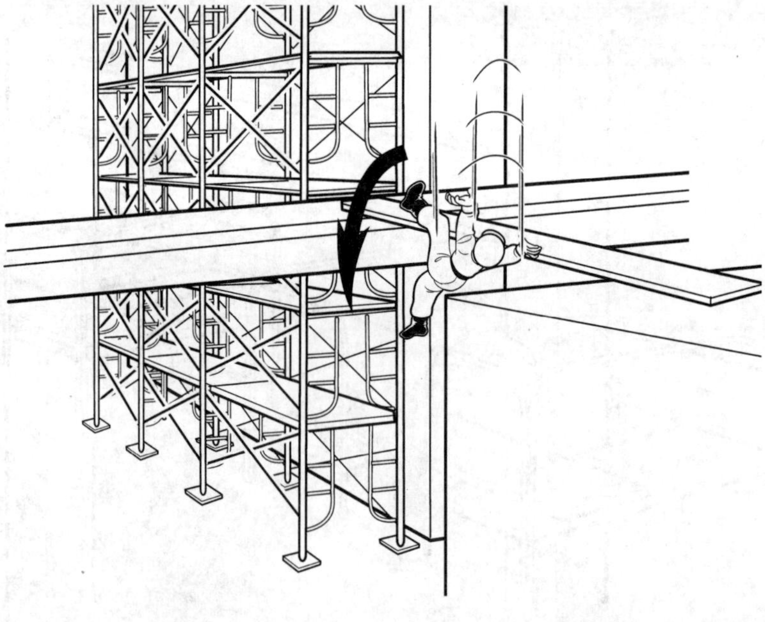

【主要原因】 ⑨ ⑫⑬⑭

实例　77	1	坠落、跌落事故	1.3	钢结构搭建，钢结构的临边施工

◆ **在搬运板材时，因脚手扳翘起而坠落**

【事故发生简介】

在 5 层水平栈桥上搬运平板材料时，工人欲将板材放在用作材料堆放场的铝制脚手板上，脚刚踏上脚手板，板便翘起，工人身体失去平衡而坠落。

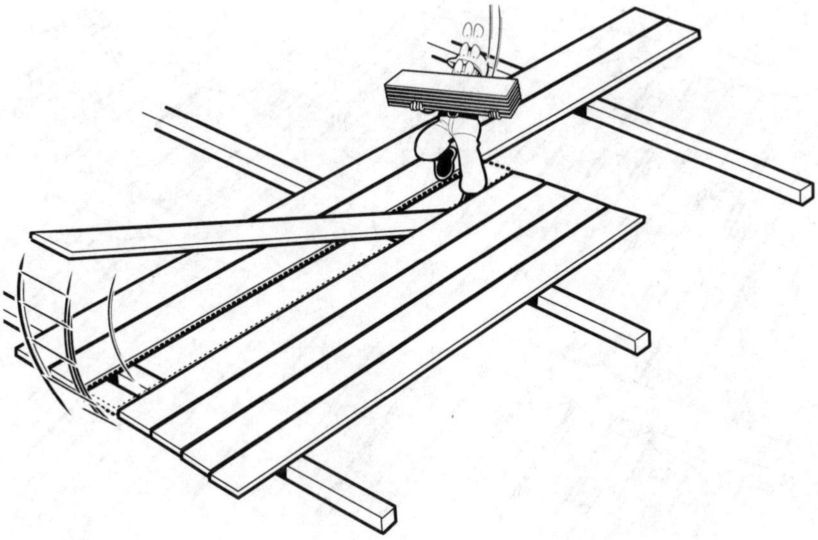

【主要原因】 ⑩ ⑫ ⑬ ⑮ ⑯

实例　78	1	坠落、跌落事故	1.3	钢结构搭建，钢结构的临边施工

◆ **为移动至另一个跨度而走上脚手架站板时，因站板翘起而坠落**

【事故发生简介】

工人在铺设脚手架站板的施工中，为了移动至下一个跨度而走上脚手架站板时，站板翘起，工人与站板一起坠落。

【主要原因】 ⑥ ⑫ ⑮

实例 79	1	坠落、跌落事故	1.3	钢结构搭建，钢结构的临边施工

◆ 因站在未固定的波纹板上而坠落

【事故发生简介】

在 4 层钢楼板上进行大梁的施工中，当工人刚踏上未固定的波纹板（500mm × 2mm，400mm），便与波纹板一起从 3.6m 的高度坠落。

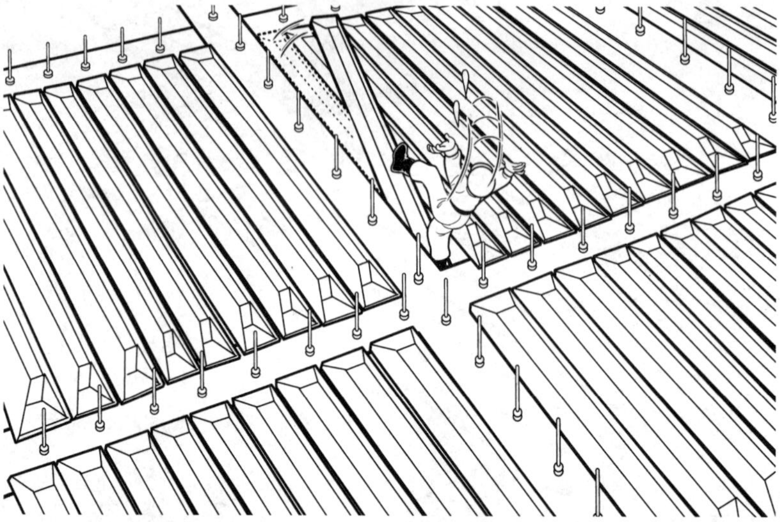

【主要原因】⑬ ⑮

实例 80	1	坠落、跌落事故	1.3	钢结构搭建，钢结构的临边施工

◆ 在梁上走动时坠落

【事故发生简介】

工人在铺设钢楼板的施工中，未使用安全带在梁上走动时，脚下踩空，从约 5m 的高度坠落（主绳在铺设钢楼板前被拆除）。

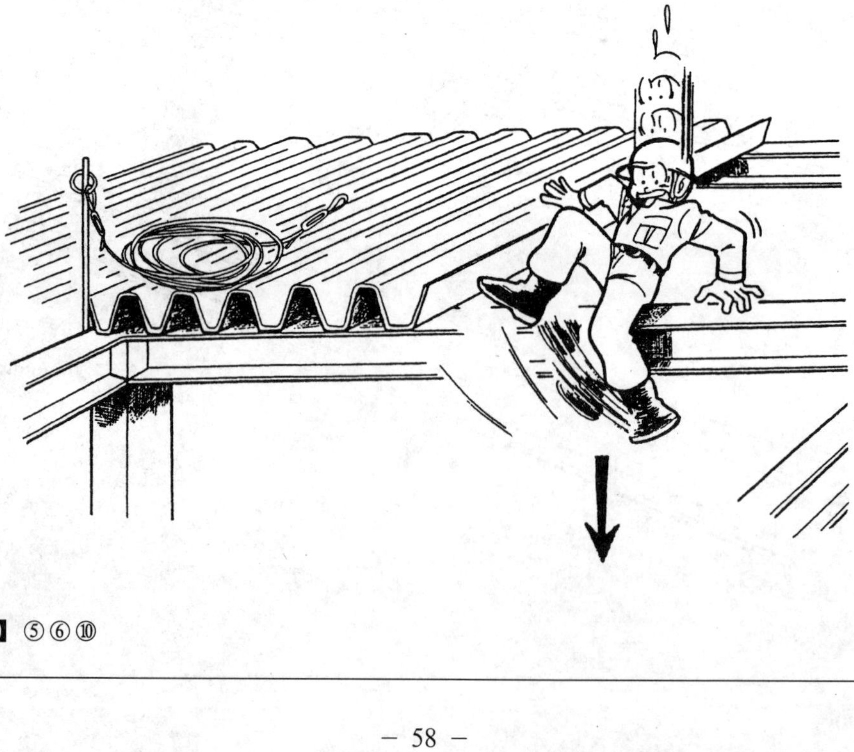

【主要原因】 ⑤⑥⑩

实例　81	1	坠落、跌落事故	1.3	钢结构搭建，钢结构的临边施工

◆ 铺设长波形板时，失足坠落

【事故发生简介】

工人在距地面高度5m的屋面上进行波形板的铺设施工，当临时将波形板铺设在屋面框架（500mm×2800mm，重140kg）上时，从承重波形板的钢梁上失足，坠落至1层混凝土地面。

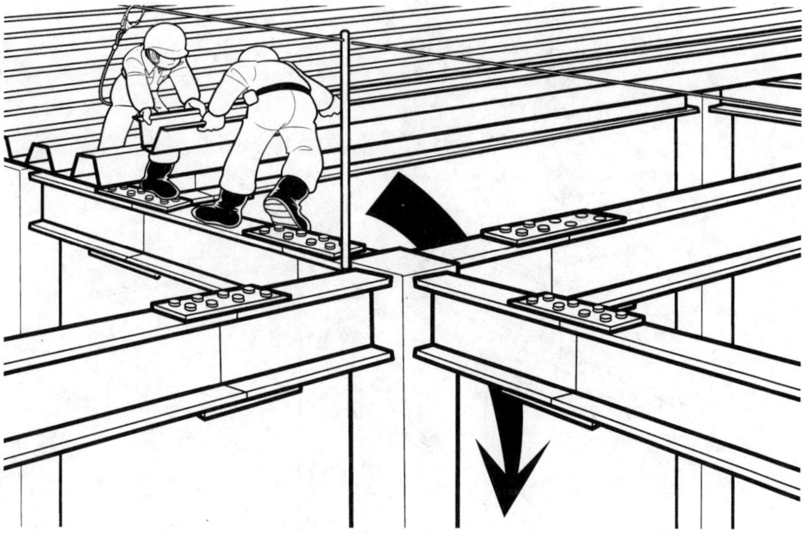

【主要原因】⑤⑥

实例　82	1	坠落、跌落事故	1.3	钢结构搭建，钢结构的临边施工

◆ 临时铺设钢板时，因钢结构上的材料堆放台塌落而坠落

【事故发生简介】

4名工人将站台（宽1400mm，长5500mm的单管上铺设脚手架板）安装在屋面钢梁上，接着采用油压起重机进行吊装施工，当工人将共计1600kg的钢板材料从吊车上卸下时，因将站台固定在钢结构上的夹具脱落，站台向一侧倾斜，3名工人也随钢板材料一起坠落。

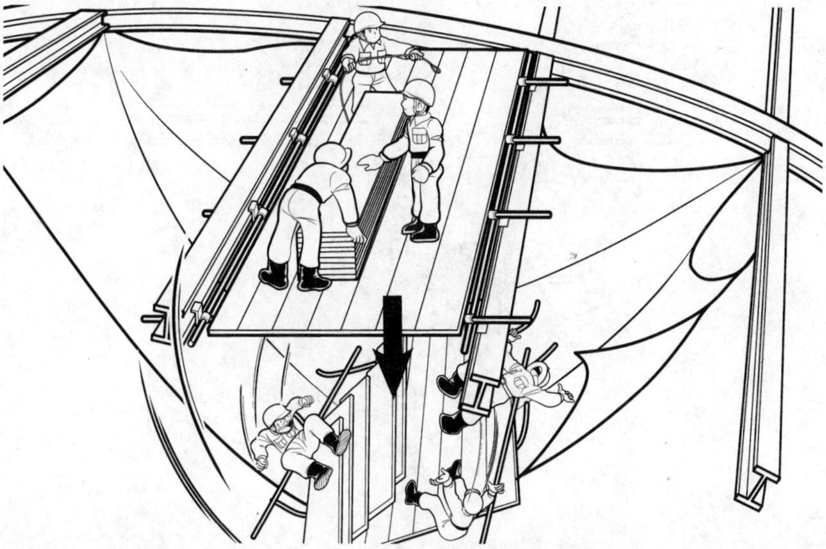

【主要原因】⑫⑬

实例 83	1	坠落、跌落事故	1.3	钢结构搭建，钢结构的临边施工

◆ 搭建钢结构框架时，手被钢梁夹住

【事故发生简介】

在搭建钢结构框架时，由于梁的安装位置欠佳，工人使用工具调整螺栓孔时，钢梁突然下降，工人放在柱上的左手被夹在钢梁法兰与柱托架之间。

【主要原因】⑫ ⑯

实例 84	1	坠落、跌落事故	1.3	钢结构搭建，钢结构的临边施工

◆ 因悬吊的梁晃动而将手夹住

【事故发生简介】

在搭建脚手架的施工中，使用移动式起重机（15t）进行梁的连接作业，工人为了对准梁的连接部位而横向移动身体时，悬吊的梁开始移动，手被夹在平接盖板与钢架之间（受伤的工人使用了安全带）。

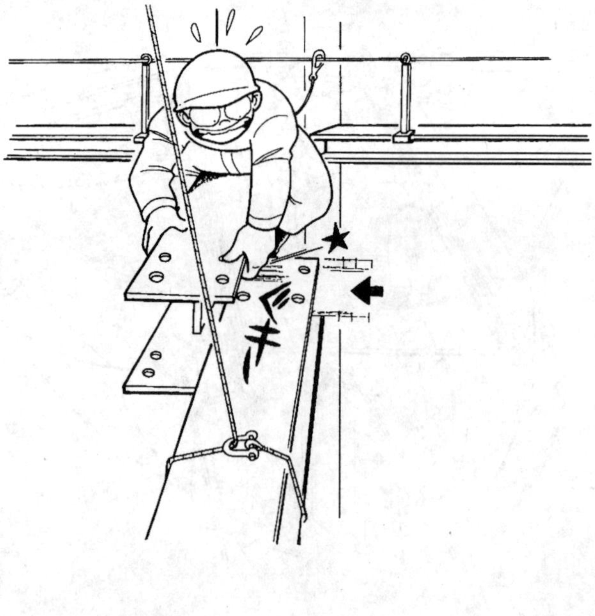

【主要原因】 ⑦ ⑫ ⑯

1.4　屋面施工

1	坠落、跌落事故	1.4	屋面施工

主要原因

①没有设置扶手、安全防护网等防止坠落的设施。
②没有设置施工操作面（通道）。
③没有制定施工计划、施工程序，或者计划程序不充分。
④没有走规定的通道（走捷径行为）。
⑤没有采取严禁入内等措施。
⑥进入了危险场地。
⑦未使用安全带。
⑧没有遵守施工程序。
⑨从高空抛落物件。
⑩未使用安全防护网对采光天窗进行安全保护。

■ 屋面施工的安全检查要点

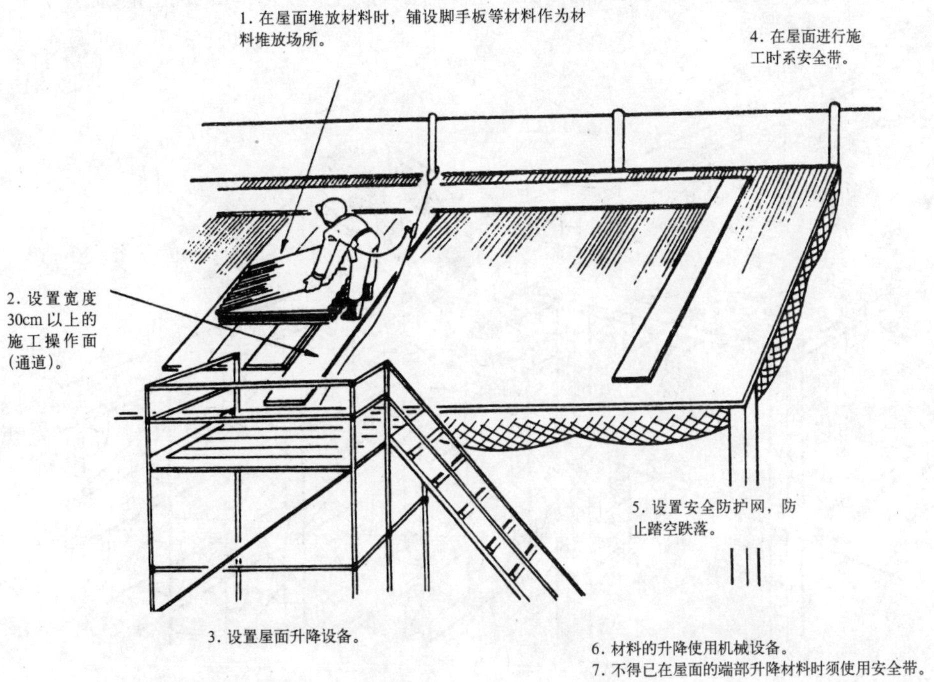

实例 85	1	坠落、跌落事故	1.4	屋面施工

◆ 将遮盖布铺设在外部脚手架后，走上屋面进行检查时因踩漏屋面而坠落

【事故发生简介】

在将要拆除的仓库外部脚手架上，工人将防止飞溅的遮盖网铺盖在用于拆除仓库的外部防护脚手架上后，走上屋面进行检查时，踩漏石板瓦屋面，从 7.5m 的高度跌入泥土地面。

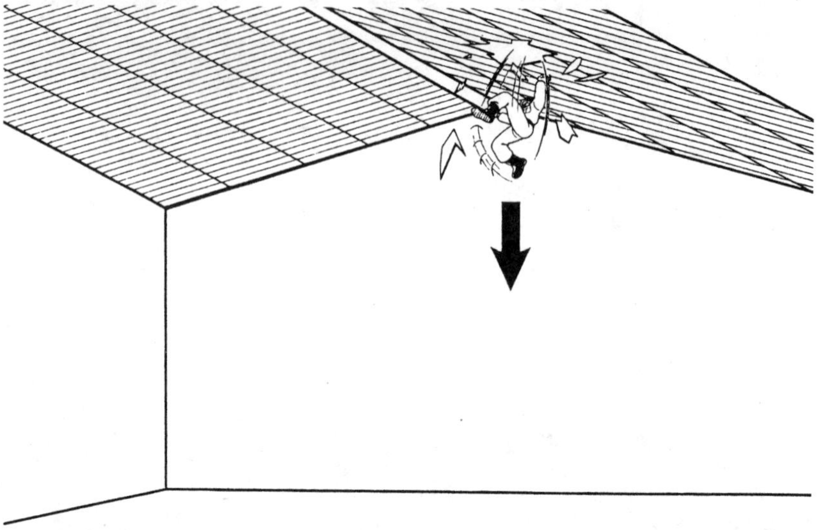

【主要原因】 ①②⑥

实例 86	1	坠落、跌落事故	1.4	屋面施工

◆ 在整理屋面排水管时，踩漏石板瓦屋面而坠落

【事故发生简介】

在拆除 2 层木结构屋面的施工中，完成当日预定计划后，工人在距地高度 6.5m 的石板瓦屋面上整理垫圈时，踩漏石板瓦屋面，失足坠落至 3m 高的 2 层悬挑楼板上，接着坠落至 1 层的泥土地面上。

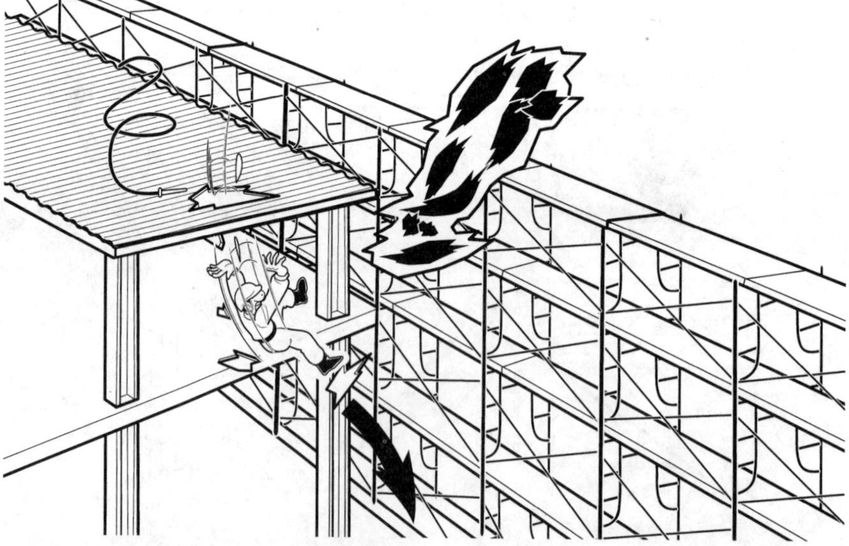

【主要原因】 ①②

实例 87	1	坠落、跌落事故	1.4	屋面施工

◆ 工人肩扛脚手架板在石板瓦屋面上行走时，踩漏石板瓦屋面，失足坠落

【事故发生简介】

为了在现有厂房的屋面上铺设用作通道的铝制脚手架板，工人肩扛着脚手架板走向施工现场时，踩漏石板瓦屋面，失足，从10m高度坠落到地面。

【主要原因】 ①⑦

实例 88	1	坠落、跌落事故	1.4	屋面施工

◆ 扩建工程中，为了拆除原有屋面，踩漏木板而失足坠落

【事故发生简介】

因为扩建施工，需要拆除现有建筑物的屋面，当工人进行拆除瓦及木板的施工作业时，踩漏现有木制屋面，失足坠落。

【主要原因】 ①②⑦

实例　89	1	坠落、跌落事故	1.4	屋面施工

◆ 在屋面进行材料搬运时，踩漏天窗而坠落

【事故发生简介】

新建厂房的波形板屋面上，工人在顶层屋面搬运脚手架材料时，踏上采光天窗，玻璃破裂，从距地大约12m的高处坠落。

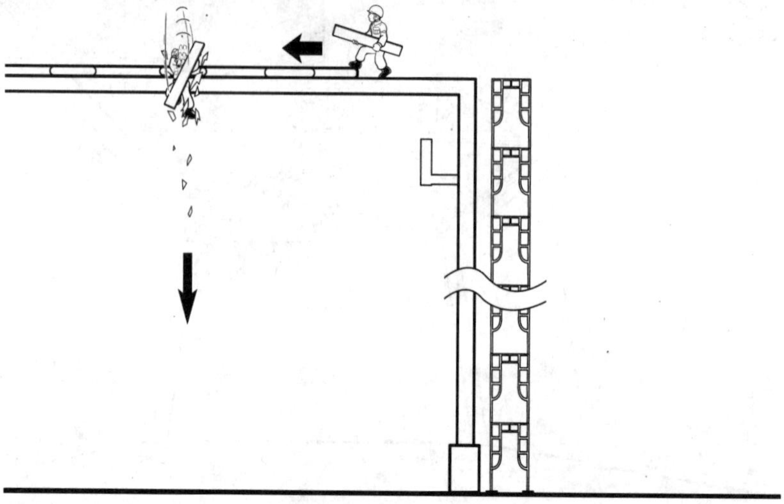

【主要原因】 ①②⑩

实例　90	1	坠落、跌落事故	1.4	屋面施工

◆ 在厂房的屋面进行拆除脚手架的施工作业中，跌倒在采光天窗上而坠落

【事故发生简介】

在临时堆放建材的厂房屋面上，工人拆除脚手架后进行整理时，身体失去平衡，跌倒在附近的采光天窗上，并砸破天窗，从3.5m的高度坠落至地面。

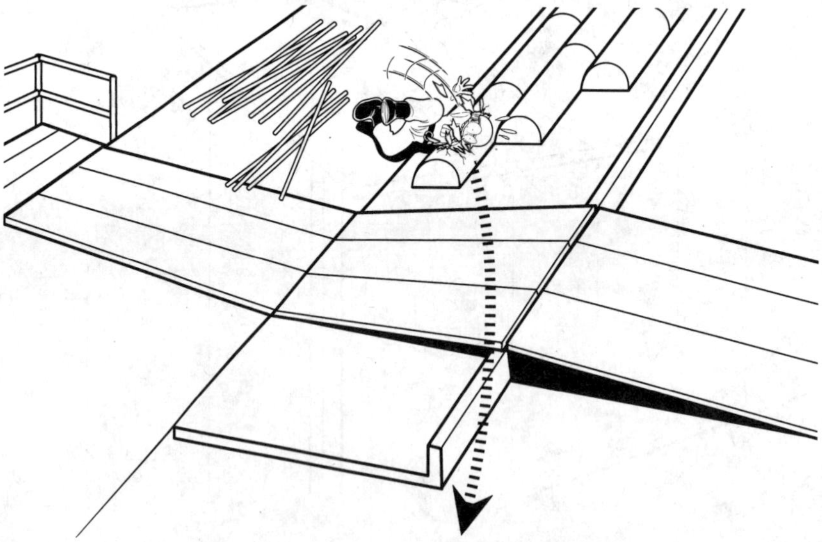

【主要原因】 ①②⑩

实例 91	1	坠落、跌落事故	1.4	屋面施工

◆ 安装屋面波形板的施工作业中，失足坠落

【事故发生简介】

在安装固定厂房屋面波形板的施工中，工人在距离屋檐 3m 附近失足，穿过外部脚手架的扶手间坠落。

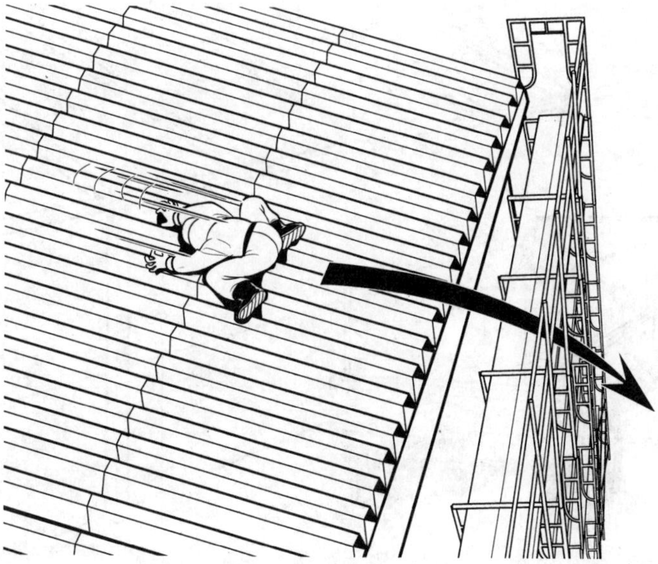

【主要原因】 ①⑦

实例 92	1	坠落、跌落事故	1.4	屋面施工

◆ 在屋面波形板上倒退走动时，从洞口处坠落

【事故发生简介】

工人安装完屋面波形板，起身向后倒退行走时，左脚踏空天窗开口而坠落。

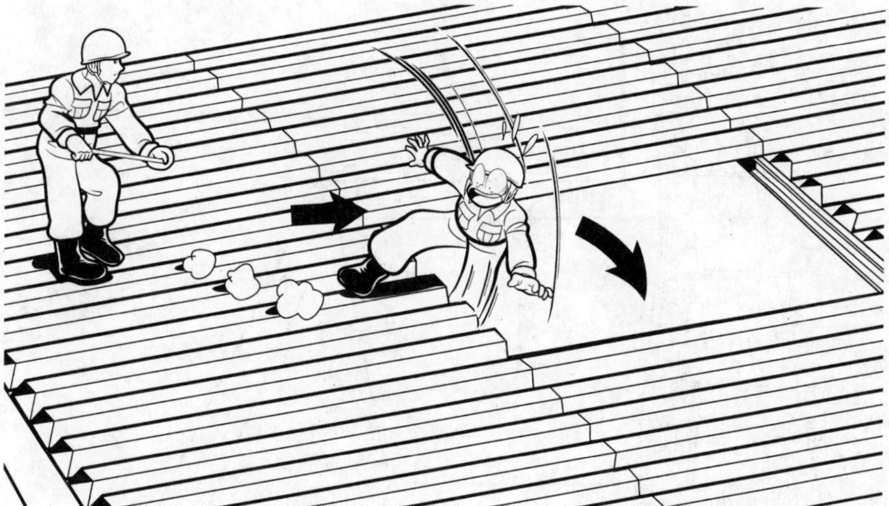

【主要原因】 ①③⑦

实例　93	1	坠落、跌落事故	1.4	屋面施工

◆ 欲将拆除的建材抛向车上时，手套被刮而坠落

【事故发生简介】

工人进行拱廊的拆除施工，当试图将拆除的轻钢龙骨抛向 4t 卡车时，手套被刮，身体失去平衡而坠落。

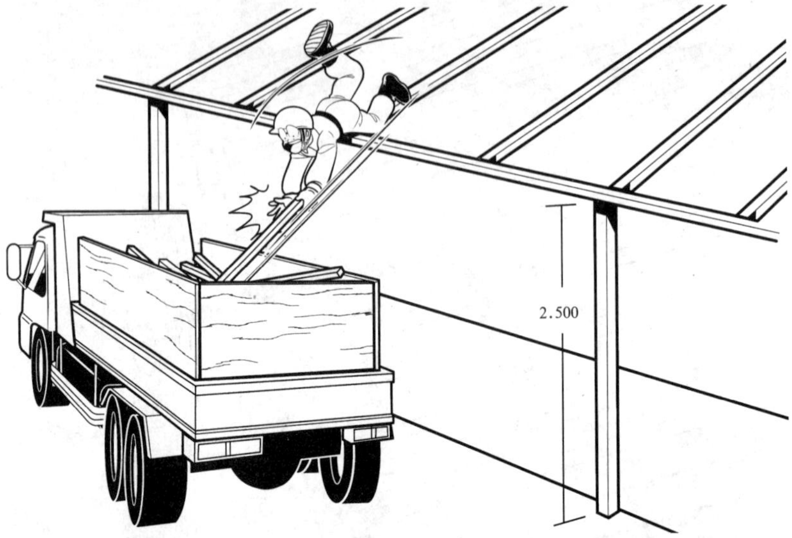

【主要原因】 ⑦⑨

实例　94	1	坠落、跌落事故	1.4	屋面施工

◆ 搬运材料在围墙上行走时坠落

【事故发生简介】

电工欲将施工中使用的水银灯（纸箱包装 520mm × 400mm，重量约 3kg）搬至另一车间的屋面上，在围墙的顶部（宽度 42cm）行走时，身体失去平衡，坠落至下层屋面。

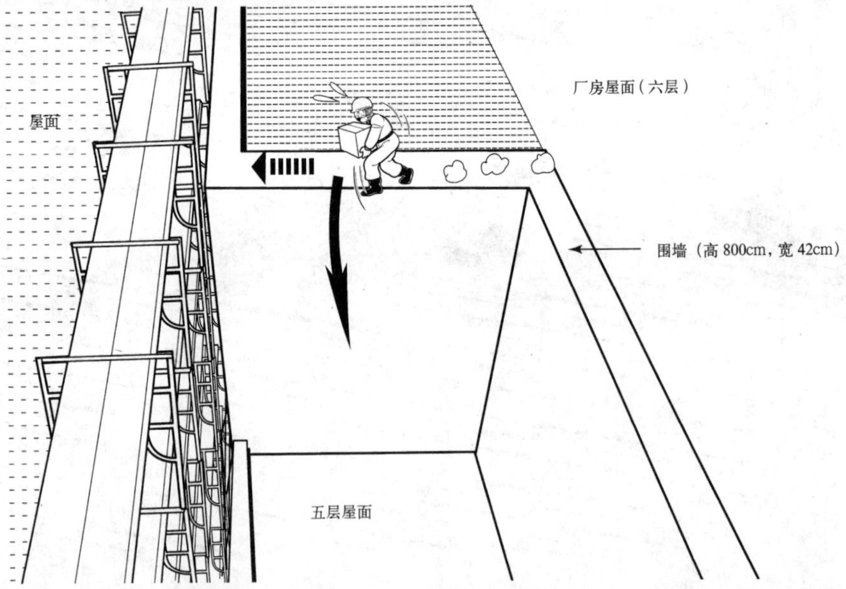

【主要原因】 ④⑥⑧

实例 95	1	坠落、跌落事故	1.4	屋面施工

◆ 从拆除的波形屋面的洞口处坠落

【事故发生简介】

在铺装大型压延场地的波形屋面（宽 640mm，长 4400mm）时，由于触到原有的波形板使得新波形板无法铺设，工人使用打孔器（约 150mm 的工具）试图撬取时，身体失去平衡，从波形板的洞口处（高 19m）坠落。

【主要原因】 ①③⑦

实例 96	1	坠落、跌落事故	1.4	屋面施工

◆ 因石板瓦破损而跌落

【事故发生简介】

在修补石板瓦屋面的施工中，由于工人踩到了破损的石板瓦上，与石板瓦一起从 8.1m 的高度坠落。

【主要原因】 ①④⑦

1.5 斜坡施工

1	坠落、跌落事故	1.5	斜坡施工

主要原因

①进行挖掘高度超过 10m 以上的山地挖掘施工，却没有施工计划。
②尽管指定了山地挖掘的施工技术主管，但未按其指挥进行施工。
③在极陡的倾斜坡上进行施工却未系安全带。
④未指定施工指挥人员。

主要解决办法

①制订施工计划，并严格按照该计划进行施工。
②进行挖掘高度 2m 以上的山地挖掘施工时，需要指定施工技术主管，并在其指挥下进行挖掘施工。
③进行高空危险施工作业时，必须系安全带。
④指定施工指挥人员，并在其指挥下进行挖掘施工。
⑤使用具有足够强度的主绳，并定时进行检查。
⑥数名施工人员不共用一根主绳，并且，不同时进行上、下施工。
⑦最好使用斜坡施工专用安全带。
⑧最好设置并使用辅助绳索，或辅助钢丝。

■ 斜坡施工

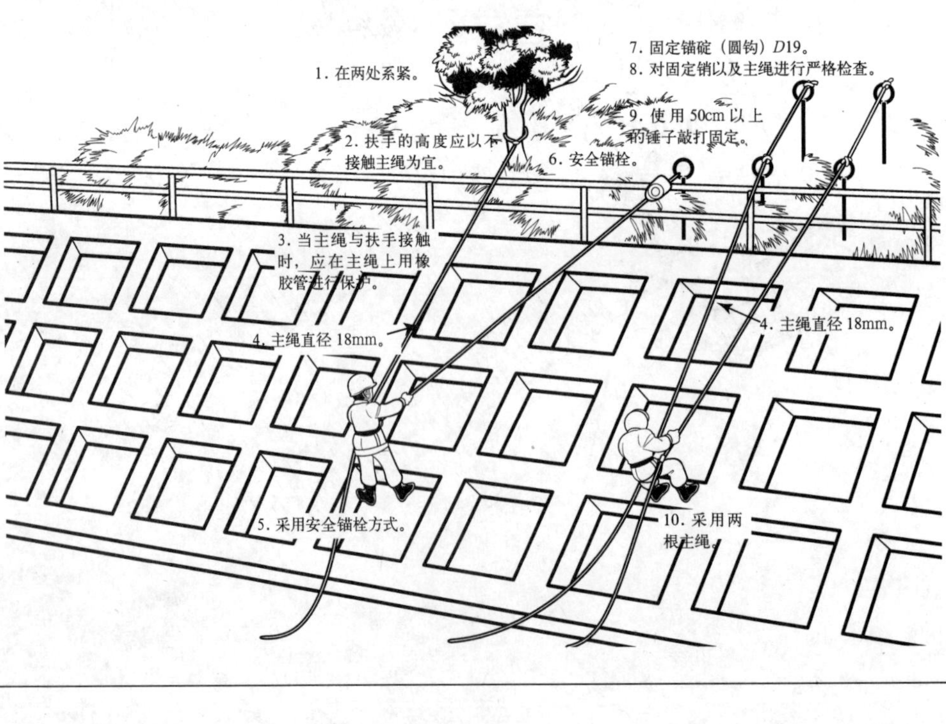

实例　97	1	坠落、跌落事故	1.5	斜坡施工

◆ 从斜坡坠落

【事故发生简介】

在排除因大雨而倒塌的砂土作业中，工人为了休息而移动，在解除安全带的绳扣时，失足坠落。该施工中未指定山地挖掘施工的技术主管。

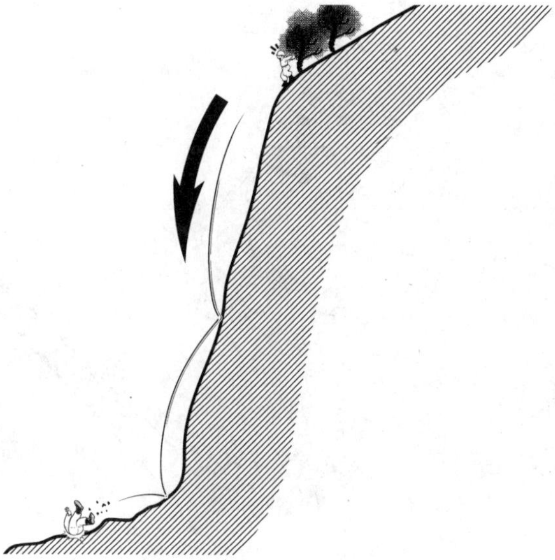

【主要原因】 ①②③

实例　98	1	坠落、跌落事故	1.5	斜坡施工

◆ 从斜坡坠落

【事故发生简介】

在斜坡上设置滚石防护网的施工中，工人在极陡的斜坡上进行施工却未系安全带，失足坠落。

【主要原因】 ③④

实例 99	1	坠落、跌落事故	1.5	斜坡施工

◆ 砌砖时砖块坠落

【事故发生简介】

在斜坡中段，工人使用引导板从约 5m 的高度向下运送混凝土砖块并临时堆放在一侧，部分从引导板滑下的混凝土砖块反弹，击中临时堆放的混凝土砖块，其中一块落下，击中正在下方进行清扫的工人的手。

【主要原因】②

实例 100	1	坠落、跌落事故	1.5	斜坡施工

◆ 在斜坡上因解除安全带而跌落

【事故发生简介】

施工完成后，工人为了确认当天的施工结果，使用安全带在斜坡上移动，确认后工人将安全带解除时，身体失去平衡从斜坡上跌落。

【主要原因】③

2. 建筑机械引起的事故
2.1 打桩机等施工

2	建筑机械引起的事故（简称“建筑机械事故”）	2.1	打桩机等施工

主要原因

类型	主要原因
被夹入或被卷入施工机械 飞落物体	①施工前没有对安全设备进行安全检查。 ②进入了施工机械的旋转范围。 ③进行了危险的改造。 ④打桩机的履带从底板脱落。 ⑤挂钩没有防止脱落装置。 ⑥驾驶员操作失误，或进行了危险的操作。 ⑦使用了不适当的夹具，或进行了危险的吊钩装拆操作。 ⑧进入了危险的场所。 ⑨没有配置施工指挥人员。 ⑩没有制定施工计划、施工程序，或计划、程序不充分。

■ 打桩机、拔桩机的施工安全检查要点

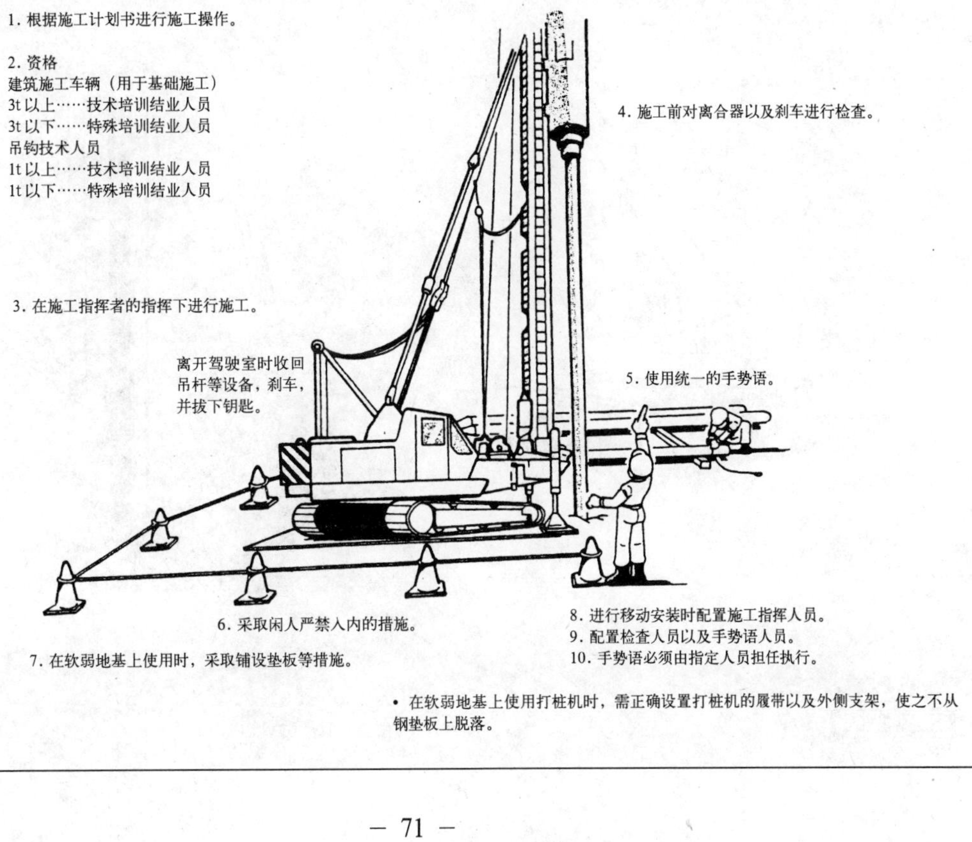

• 在软弱地基上使用打桩机时，需正确设置打桩机的履带以及外侧支架，使之不从钢垫板上脱落。

实例 101	2	建筑机械事故	2.1	打桩机等施工

◆ 因打桩机翻倒而将工人砸伤

【事故发生简介】

由于打桩机的局部履带从铁垫板脱落，打桩机开始倾斜，操作人员感到危险并试图逃出机外，但为时已晚，被砸在打桩机下。

【主要原因】 ④

实例 102	2	建筑机械事故	2.1	打桩机等施工

◆ 被起吊中摇晃的吊件砸伤

【事故发生简介】

在设置地基改造孔洞的施工中，使用小型起重机（25t）吊起钻孔螺杆时，螺杆晃动，工人无处逃避被螺杆吊件砸伤。

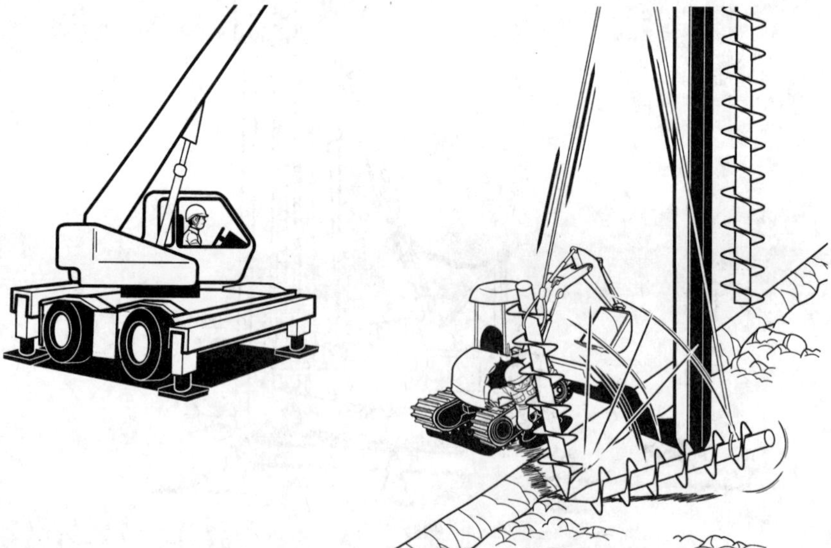

【主要原因】 ②⑥⑧⑨

实例 103	2	建筑机械事故	2.1	打桩机等施工

◆ 被落下的锤子击中

【事故发生简介】

在浇筑基础钢管桩（直径 500mm，长 27m，共 28 根）时，油压锤等被吊至 4m 高度并进行右转时，由于吊挂铁锤的绳索松弛导致铁锤下落，击中在下面施工的工人。

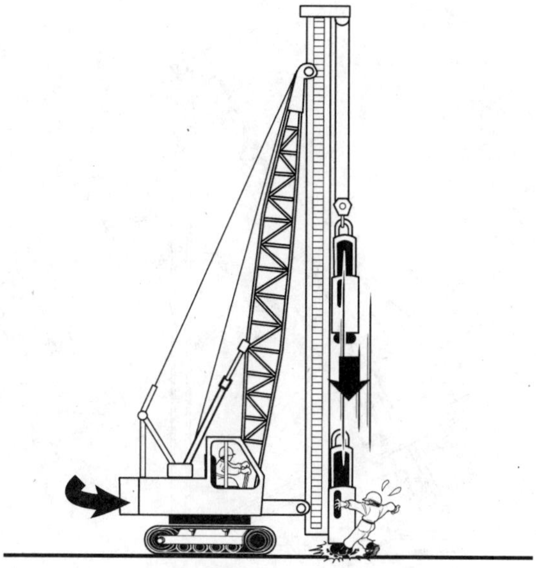

【主要原因】 ⑥

实例 104	2	建筑机械事故	2.1	打桩机等施工

◆ 吊卸钢筋笼时，2 个吊点中的 1 端脱落，工人被晃动的钢筋笼击中

【事故发生简介】

在垂直吊卸基础桩的钢筋笼施工中，当工人将钢筋笼吊至距地面约 2.5m 的高度时，2 个吊点中的 1 端脱落，工人被晃动的钢筋笼击中。

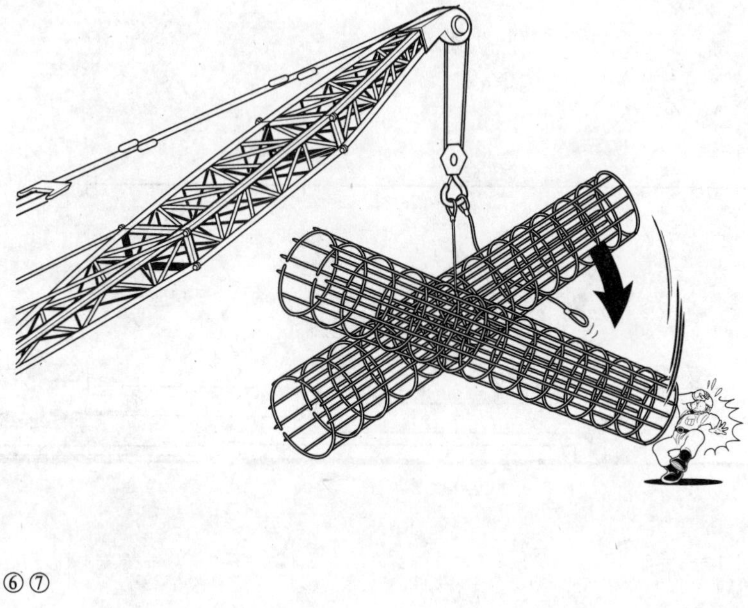

【主要原因】 ⑤⑥⑦

实例 105	2	建筑机械事故	2.1	打桩机等施工

◆ 锤击板桩（sheetpile）时，振动锤从吊钩脱落，导致板桩将工人压在其下

【事故发生简介】

锤击板桩的施工中，由于板桩即将碰上振动锤而将其向上吊起时，绳索从起重机的挂钩脱落而导致板桩倒塌，将工人压在其下。

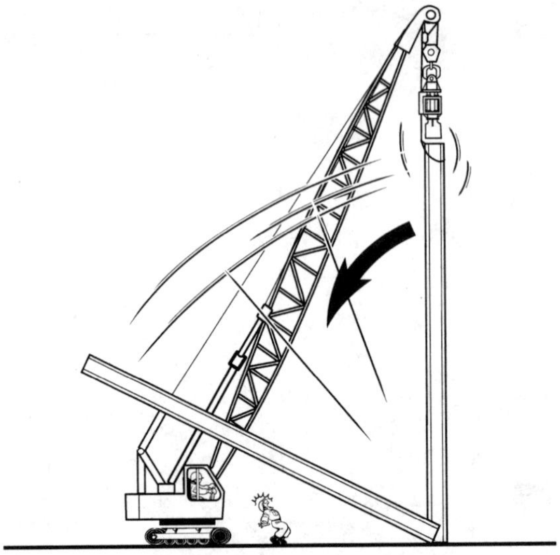

【主要原因】 ⑤⑧

实例 106	2	建筑机械事故	2.1	打桩机等施工

◆ 拆除横向放置的导杆时，导杆落下

【事故发生简介】

拆除打桩机的3根连接的导杆时，导杆的螺钉脱落，中间的导杆横向晃动下落，击中旁边正在备用导杆的顶端安装连接螺栓的工人。

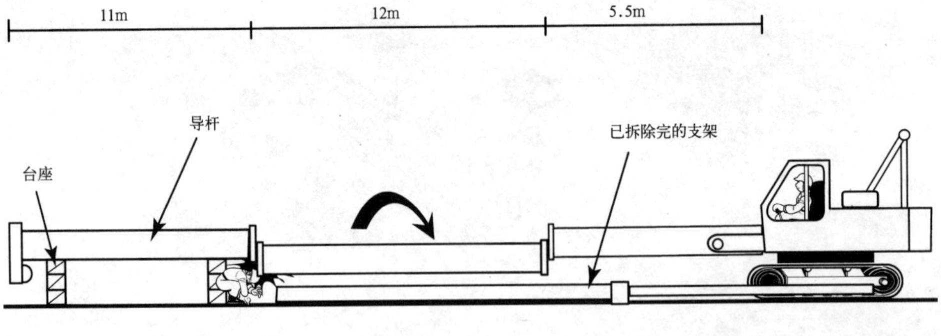

【主要原因】 ⑧⑨⑩

实例 107	2	建筑机械事故	2.1	打桩机等施工

◆ 清洗钻孔机外管时，将手夹住

【事故发生简介】

使用钻孔机削孔后，工人一边拔除外管一边进行清洗，当工人用手清除粘在外罩上的泥土时，手被夹在超重制动器与外管之间。

【主要原因】 ⑩

实例 108	2	建筑机械事故	2.1	打桩机等施工

◆ 2名工人在打测量桩时手被击伤

【事故发生简介】

在打测量桩的施工中，受害者误以为已经打完测量桩，为了确认测量桩的稳定程度而将手伸到桩顶部时，另一名工人在没有发现受害者上述情况下继续打桩，工人的左手被击伤。

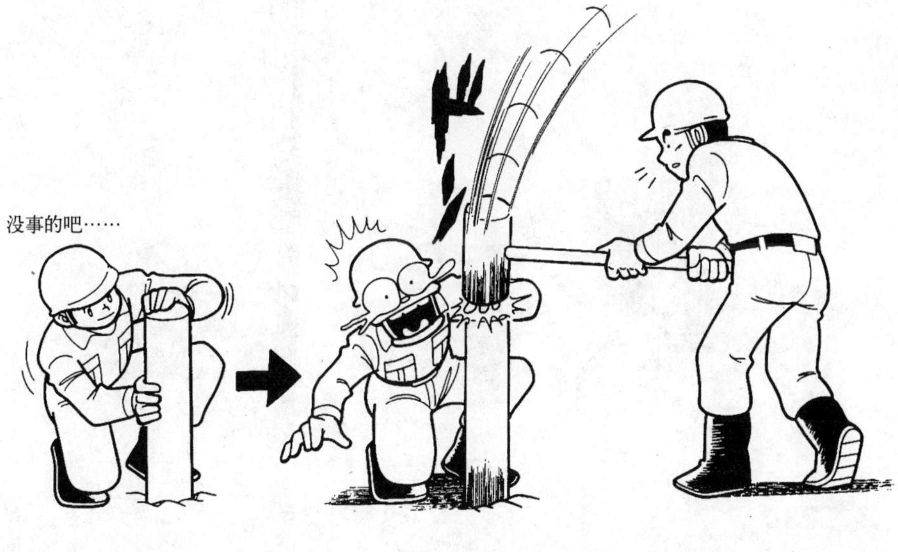

【主要原因】 ⑥

实例 109	2	建筑机械事故	2.1	打桩机等施工

◆ 吊斗击中混凝土桩而突然坠落

【事故发生简介】

在进行沟槽挖掘的施工中，下降吊斗时，吊斗碰挂到突出的混凝土桩上，为了拆除挂碰的吊斗而上升吊杆时吊斗突然脱落，吊斗由于反弹力而坠落至站在附近的工人脚上。

【主要原因】 ②⑥

实例 110	2	建筑机械事故	2.1	打桩机等施工

◆ 被夹在挖土机和钻杆之间

【事故发生简介】

在进行地盘改造的施工中，钻杆起吊时产生晃动，工人被夹在附近的小型挖土机与吊起的钻杆之间。

【主要原因】 ②⑥⑩

2.2　挖掘机施工

2　建筑机械引起的事故　2.2　挖掘机施工

主要原因

类型	主要原因
由于跌倒、跌落引起的夹持、撞击、碰撞	①在危险的场地行走。 ②省略施工程序，或施工程序错误。 ③采取了危险的使用方法。 ④在危险的地点或位置进行操作。 ⑤使用没有头部保护措施的有缺陷的危险机械设备。 ⑥对机械设备的操作不熟悉。 ⑦没有关闭引擎便离开了驾驶室。 ⑧无执照人员进行驾驶。 ⑨进入了危险的施工半径范围内（走捷径行为）。 ⑩没有采取严禁入内措施。 ⑪进入了驾驶员的视觉盲区。 ⑫对施工场所进行的安全检查不充分。 ⑬过于接近坡顶或路边。 ⑭与危险的施工机械进行共同作业。 ⑮坡顶没有设置栏杆扶手。 ⑯在倾斜面上倾斜行走。 ⑰在没有指挥人员的情况下进行计划外施工。 ⑱引导人员在危险的场合进行引导。 ⑲没有制订施工计划，或计划不充分。 ⑳在主要用途之外进行他用。 ㉑没有配置施工指挥人员、手势语人员、引导人员等。 ㉒驾驶员没有进行安全检查。

■ 使用车辆系列的建筑机械施工

■ 驾驶资格

- 机械重量 3t 以上……技术培训结业人员
- 机械重量 3t 以下……特别培训结业人员

施工计划的制订
1. 施工机械设备的种类以及能力
2. 施工机械设备的行走路径
3. 使用机械设备的施工方法

- 诱导人员的配置以及既定手势语言的实施
- 除座席外禁止施工人员搭乘
- 熄灭引擎，拔出钥匙

■ 施工机械的安全检查要点

■ 挖掘机操作的安全检查要点

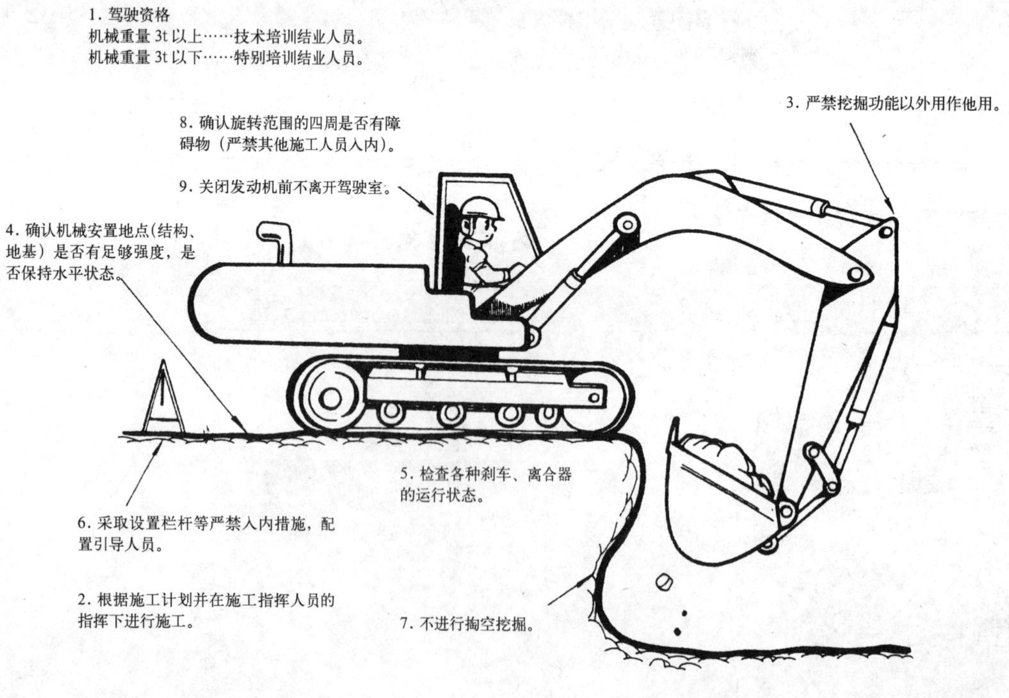

实例　111	2	建筑机械事故	2.2	挖掘机施工

◆ 被挖掘机的平衡台夹住

【事故发生简介】

使用挖掘机将拆除的混凝土块堆积到堆放地点时，站在施工半径内的工人被夹在建筑物与挖掘机的平衡台之间。

【主要原因】 ⑨⑩⑪

实例　112	2	建筑机械事故	2.2	挖掘机施工

◆ 被倒退行进的挖掘机撞倒

【事故发生简介】

挖掘机将钢板（长 3.05m × 宽 1.53m × 厚 2cm，重约 600kg）夹在铲斗与排土板之间倒退行进时，将在后方施工的工人撞倒。

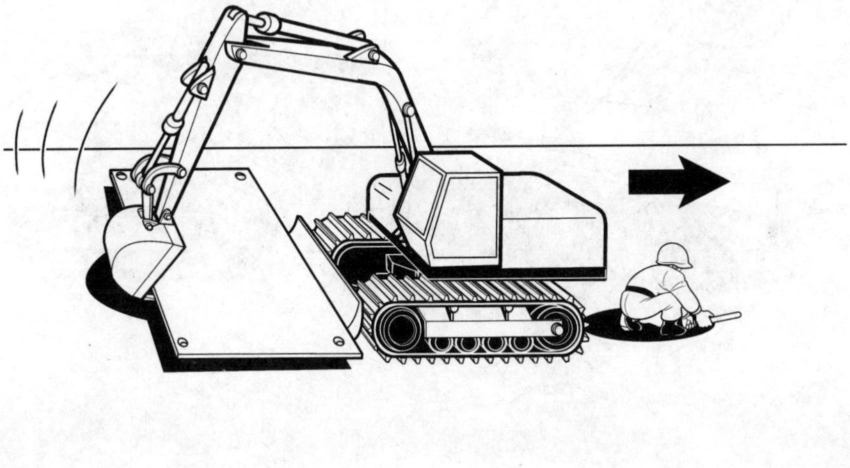

【主要原因】 ⑳㉑㉒

实例 113	2	建筑机械事故	2.2	挖掘机施工

◆ 挖掘机在斜坡横向滑动时，工人被铲斗击中

【事故发生简介】

在斜坡进行砂土回填的施工中，由于挖掘机横向滑动，操作员急忙跳车避难，被旋转的铲斗击中。

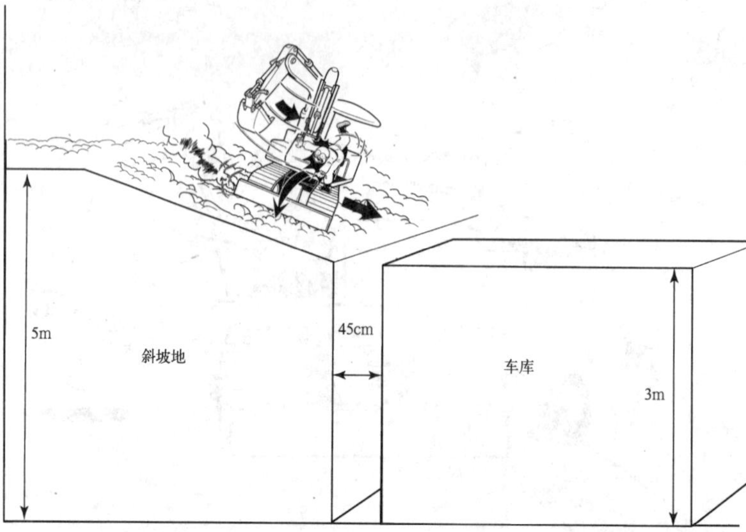

【主要原因】 ④ ⑯

实例 114	2	建筑机械事故	2.2	挖掘机施工

◆ 使用挖掘机吊起钢板时，被压在脱钩的钢板下

【事故发生简介】

使用挖掘机进行钢板的吊运施工时，脱钩的钢板击中引导人员，将其压在下面。铲斗上安装了防止脱落的挂钩，但挂钩有破损。

【主要原因】 ⑤ ⑳

实例 115	2	建筑机械事故	2.2	挖掘机施工

◆ 在道路上采用小型挖掘机埋设布置管道时，挖掘机从斜坡跌落

【事故发生简介】

使用小型铲车在城市街道的中央地段进行布置简易水管（VP 直径 75）的施工中，挖掘机为了进行回填而调转 180° 时，从斜坡跌落，铲车驾驶员被甩出车外并被压在铲车下。

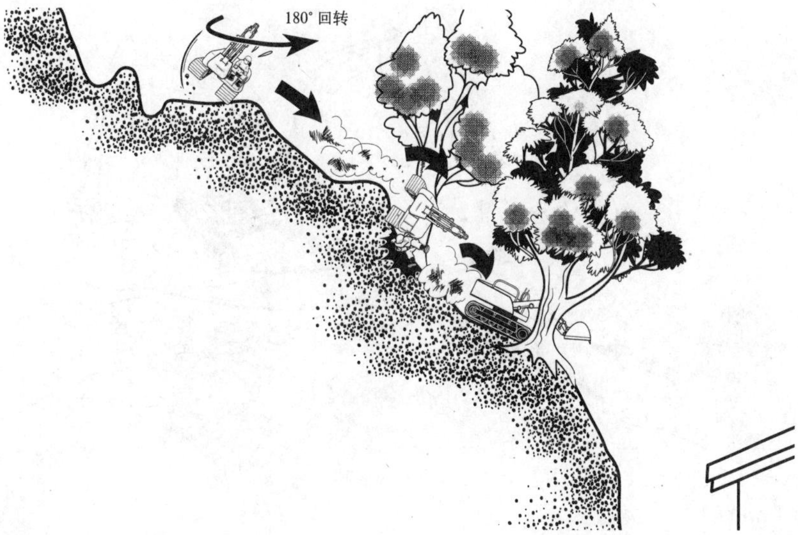

【主要原因】③④ ⑬ ⑲

实例 116	2	建筑机械事故	2.2	挖掘机施工

◆ 对挖掘的砂石碎屑进行收集整理中，工人在通过挖掘机时被夹

【事故发生简介】

在挖掘隧道的施工中，排除已挖掘的碎屑后，使用挖掘机对挖掘面的上半部分的碎屑进行集中收集时，工人从挖掘面的下半部分与挖掘机之间走过，由于挖掘机突然前进，工人被夹在碎屑与履带之间。

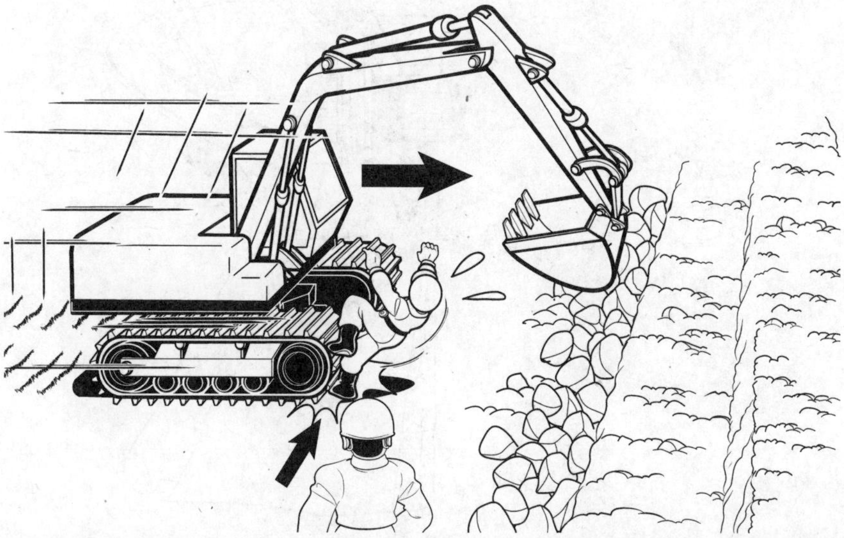

【主要原因】④⑨⑩ ⑪⑱

实例 117	2	建筑机械事故	2.2	挖掘机施工

◆ 在挖掘施工中被挖掘机的铲斗击中

【事故发生简介】

挖掘施工中，工人为了确定地面位置而用石灰划线时，误进入挖掘机的旋转范围内，被旋转而来的铲斗击中。

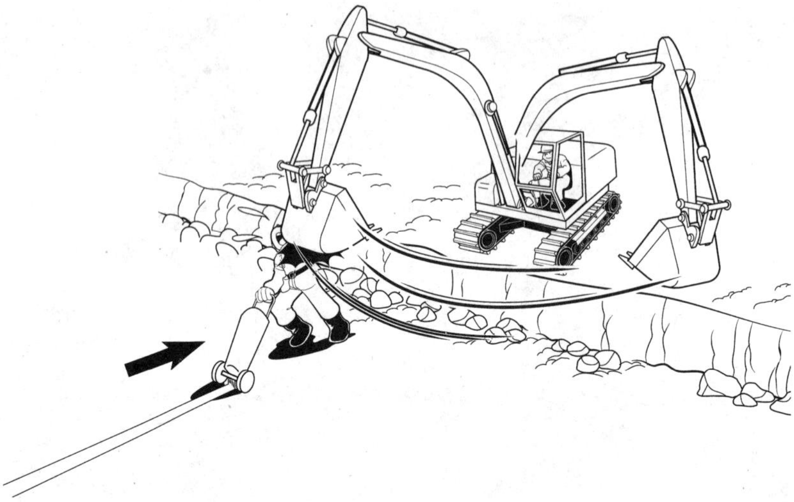

【主要原因】 ⑨⑩㉑

实例 118	2	建筑机械事故	2.2	挖掘机施工

◆ 进入挖掘机的施工半径内而被击中

【事故发生简介】

挖掘机挖掘回填土移动时，由于工人进入挖掘机的施工半径内，被铲斗击中头部。

【主要原因】 ⑨⑩㉑

实例 119	2	建筑机械事故	2.2	挖掘机施工

◆ 施工中，工人驾驶挖掘机试图登上台阶时，挖掘机翻倒并将工人压在其下

【事故发生简介】

在进行建筑物外围的回填以及 U 形槽的施工中，小型挖掘机（容积 $0.12m^3$）的驾驶员将铲斗置于前方，试图使用履带攀登台阶时失败，当驾驶员旋转铲斗时，机体翻倒，驾驶员被压在其下。

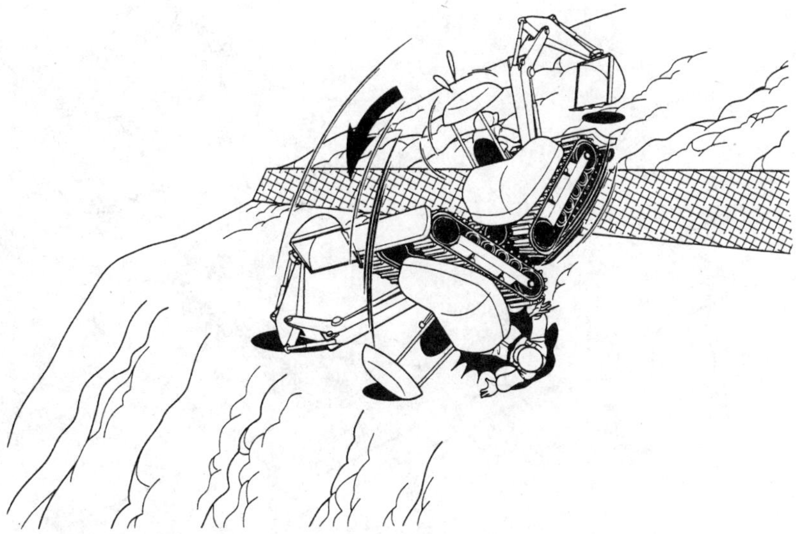

【主要原因】 ⑧⑨⑩

实例 120	2	建筑机械事故	2.2	挖掘机施工

◆ 使用小型挖掘机平铺回填土时，身体被夹在支柱与控制杆之间

【事故发生简介】

掩体施工的坑道内，使用小型挖掘机进行拆除支柱的回填施工作业中，驾驶员被夹在上部支柱与驾驶室的控制杆之间。

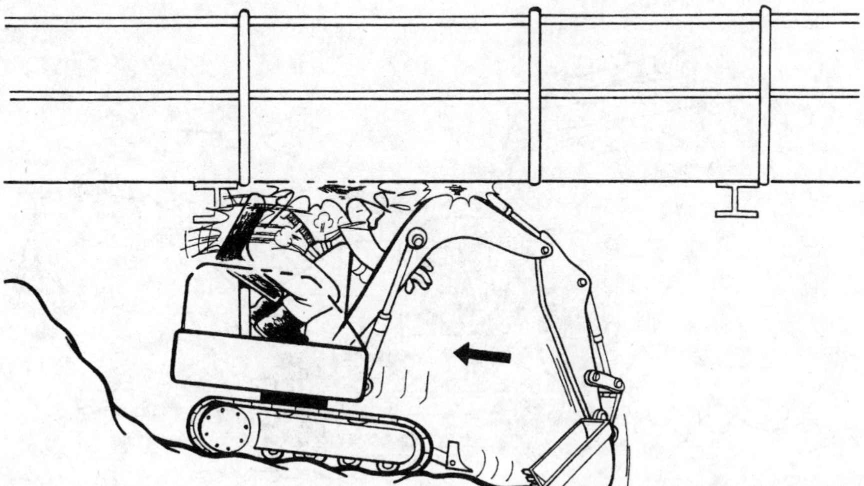

【主要原因】 ⑤⑥㉑

实例　121	2	建筑机械事故	2.2	挖掘机施工

◆ **平整路面施工中，为了躲避挖掘机的旋转而从路边坠落**

【事故发生简介】

平整路面的施工中，工人为了躲避旋转而来的挖掘机，身体失去平衡，从斜坡坠落。

【主要原因】 ④ ⑮ ㉑

实例　122	2	建筑机械事故	2.2	挖掘机施工

◆ **对平整地面进行高度测量时，被后退的挖掘机压倒**

【事故发生简介】

工人独自对平整地面进行高度测量时，被后退而来的挖掘机压倒。

- 容积 $0.25m^3$ 的平整地面用机械后退行驶而来
- 采用自动水平仪进行平整地面的施工

【主要原因】 ④ ⑩ ⑪ ㉑ ㉒

实例 123	2	建筑机械事故	2.2	挖掘机施工

◆ **吊起小型铲车进行旋转途中，因挖掘机横向翻倒而被夹在其中**

【事故发生简介】

为了将在地下使用的小型铲车（重 2.7t）吊至地面，采用地面的大型挖掘机（重 11.5t）将其吊起并进行旋转的过程中，大型挖掘机失去平衡而横向翻倒。大型挖掘机的驾驶员逃出车外，但被夹在车体与坑道之间（驾驶员没有驾驶执照）。

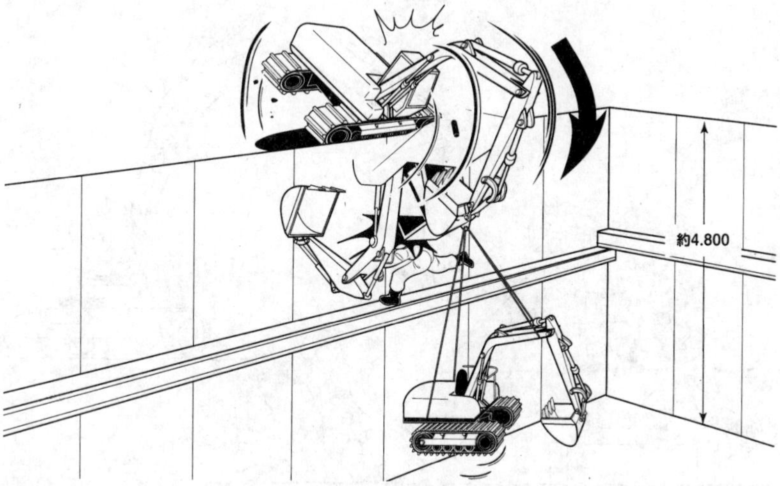

【主要原因】 ②⑧⑳

实例 124	2	建筑机械事故	2.2	挖掘机施工

◆ **使用挖掘机移动钢板时，因挖掘机翻倒而被压在其下**

【事故发生简介】

驾驶挖掘机（容积 $0.25m^3$）挖掘水道的工人受工长的指示用挖掘机吊移铺设的钢板。右旋转吊完 3 块钢板后，准备旋转吊起第 4 块钢板时，因发现右侧有受害者及另一名工人而试图改为左旋转时，挖掘机翻倒，受害工人被压在其下。

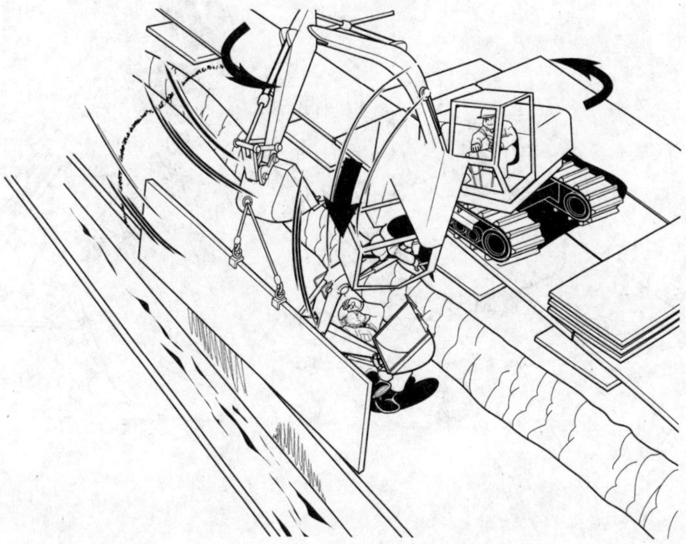

【主要原因】 ④⑧⑰⑳

实例 125	2	建筑机械事故	2.2	挖掘机施工

◆ 埋设屋外排水管的施工作业中，被排水管夹住

【事故发生简介】

在埋设屋外排水管的施工作业中，工人用挖掘机将排水管（管径600mm，长2.43m）吊起移动时，吊绳滑动，排水管突然晃动，工人被夹在埋设完毕的供水管（管径350mm）之间。

【主要原因】 ④⑧⑳

实例 126	2	建筑机械事故	2.2	挖掘机施工

◆ 将挖掘机装入卡车时，因挖掘机翻倒而被夹住

【事故发生简介】

卡车驾驶员独自在回送的卡车（11t）上操纵挖掘机（重9.3t）时，挖掘机翻倒，工人被压在挖掘机下。施工场所为倾斜地，并且，受害者没有接受车辆系列建筑机械的技术培训。

【主要原因】 ②⑧㉑

实例 127	2	建筑机械事故	2.2	挖掘机施工

◆ 反铲挖土机移动中碰到顶棚的荧光灯

【事故发生简介】

反铲挖土机移动中，吊杆的顶端碰到隧道内悬挂的用于限速的照明灯，工人被落下的破损的荧光灯击中而受伤。

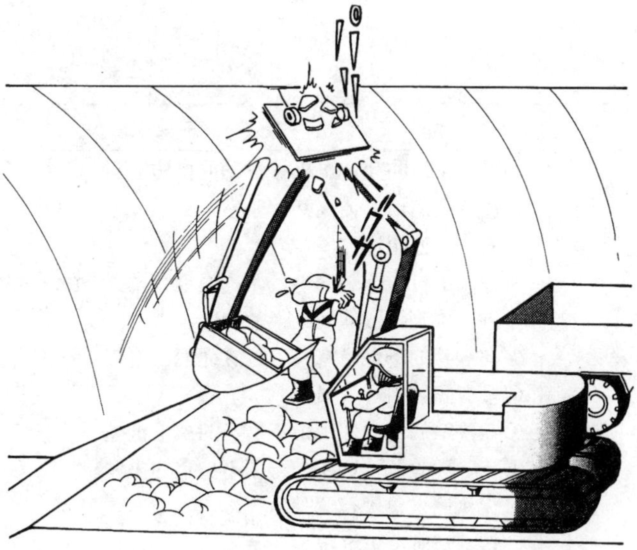

【主要原因】⑩ ⑪ ㉑ ㉒

实例 128	2	建筑机械事故	2.2	挖掘机施工

◆ 挖土机前方土方坍塌

【事故发生简介】

在下水道的施工中，为了铺设铸铁管，工人在坑底进行挖掘施工（宽 1.3m，深 2.1m）时，挖土机前方的土方坍塌，工人被埋其中。

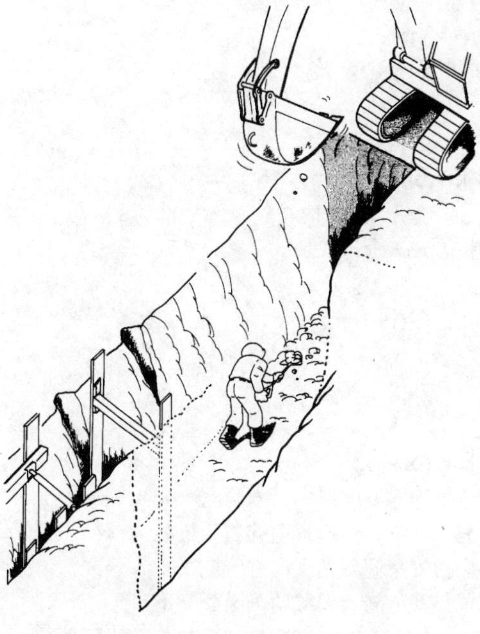

【主要原因】⑫ ⑭

2.3 推土机、滚轧机等施工

主要原因

类型	主要原因
被夹入或被卷入施工机械 撞击 翻倒	①没有采取防止施工机械滑动的措施 ②没有关闭引擎便离开驾驶室 ③用作其他用途 ④在施工机械施工的半径范围内没有设置路障等严禁入内措施 ⑤进入施工机械的施工半径内 ⑥在危险的场地没有采取设置绳索、路障等标识 ⑦没有配置引导人员 ⑧在狭窄的场地使用了不恰当的施工机械 ⑨在陡坡等危险场所进行了不稳定的操作 ⑩无执照人员进行驾驶 ⑪驾驶员对施工机械不熟悉 ⑫施工计划不充分 ⑬施工机械防护措施不周到

主要措施

1. 采取滑动防止措施
1）在施工中离开施工机械时
①将施工机械停放在水平、坚固的场所
②将叶片、铲斗放置在地面上
③将前进、后退操纵杆定在“中立”位置
④挂刹车挡
⑤将速度控制杆放在最低速度挡后关闭引擎
⑥拔出引擎的钥匙
2）完成施工离开施工机械时
①将施工机械停放在水平、坚固的场所
②将叶片、铲斗嵌入地面
③将前进、后退操纵杆定在“中立”位置
④挂刹车挡
⑤将速度控制杆放在最低速度挡后关闭引擎
⑥拔出引擎的钥匙
2. 驾驶员离开驾驶室时，关闭引擎并拔出钥匙
3. 不进行用途以外的其他使用
4. 在有跌落、翻倒危险的地方设置路障等标识
5. 在有跌落、翻倒以及碰撞的危险的地方配置引导人员
6. 事前充分讨论施工方案制订施工计划，选择合适的施工机械
7. 根据施工机械的类型，在相应的安全倾斜角度内进行施工
8. 使用路障等将机械的移动范围与其他施工区域明确区分
9. 将机械的施工死角范围告知所有施工人员，彻底贯彻严禁入内的规定

■ 推土机的施工安全检查要点

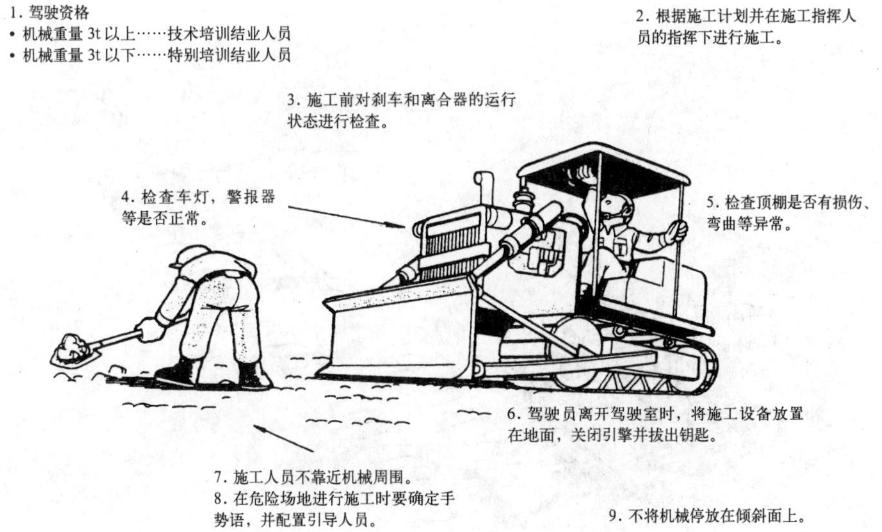

■ 严禁他用

原则上严禁他用

• 使用挖掘机等吊挂物件时，必须具有以下条件：

1. 施工中在不得已的情况下，或者需要进行安全施工时
例如：为了防止砂土坍塌需要吊挂挡土板时
施工场所狭小，如果使用起重机反而危险的情况下

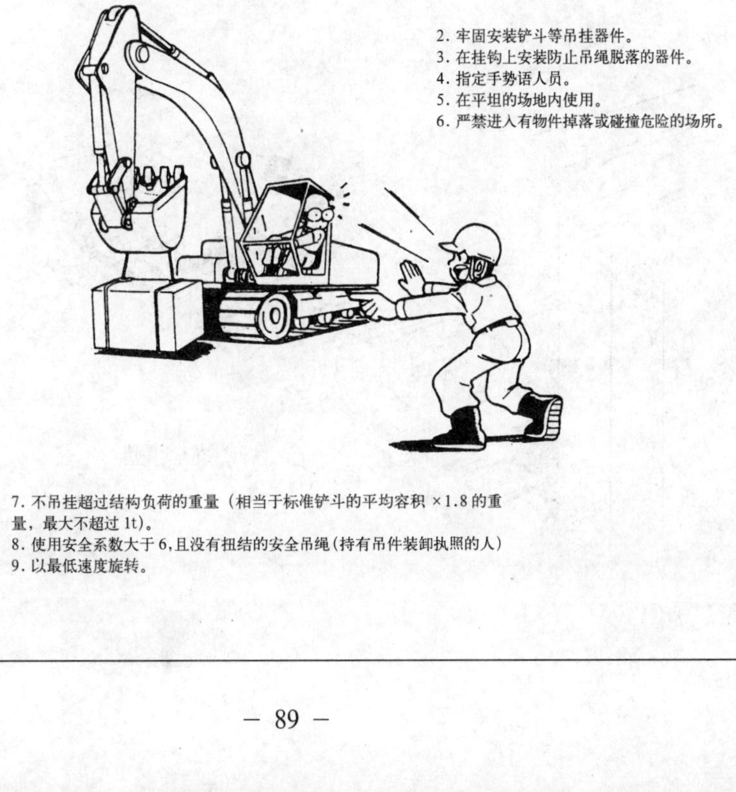

实例 129	2	建筑机械事故	2.3	推土机、滚轧机等施工

◆ 检查铲土机的牵引设备时，被突然行驶的铲土机撞倒

【事故发生简介】

在工地的施工机械停放场，因为要开始下午的施工，工人启动铲土机（牵引设备：D75P=27t，铲土容量 $15m^3$）的引擎后，离开驾驶室进行引擎的检查时，牵引设备突然启动，工人被铲土机撞倒。

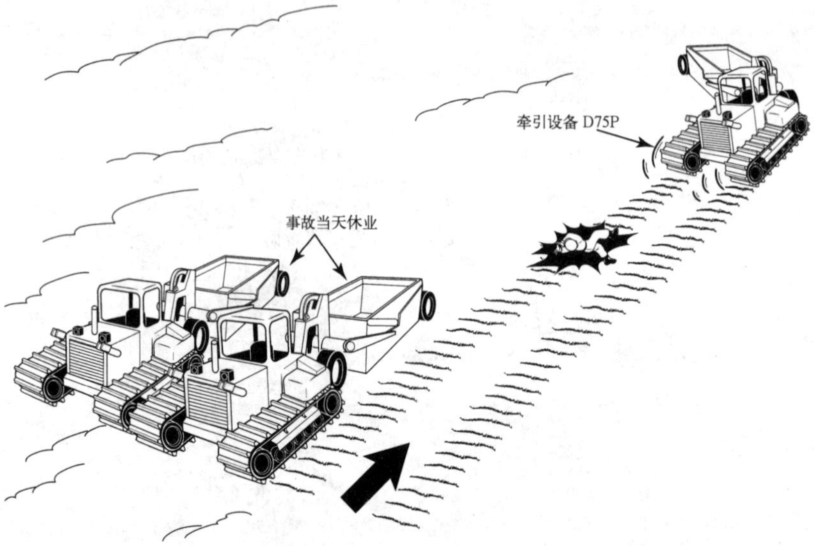

【主要原因】 ①②

实例 130	2	建筑机械事故	2.3	推土机、滚轧机等施工

◆ 试图跑上滑动的推土机时被撞倒

【事故发生简介】

使用推土机进行路面修整施工中，驾驶员挂后退挡，将加速器的控制杆拉到最低位置，未关闭引擎而走下推土机。从驾驶室走下时，由于推土机发生移动，驾驶员为了阻止移动而走上履带，失手将加速器的控制杆拉到最高位置，致使推土机急剧加速，驾驶员从履带上被振落至地，并被履带撞倒。

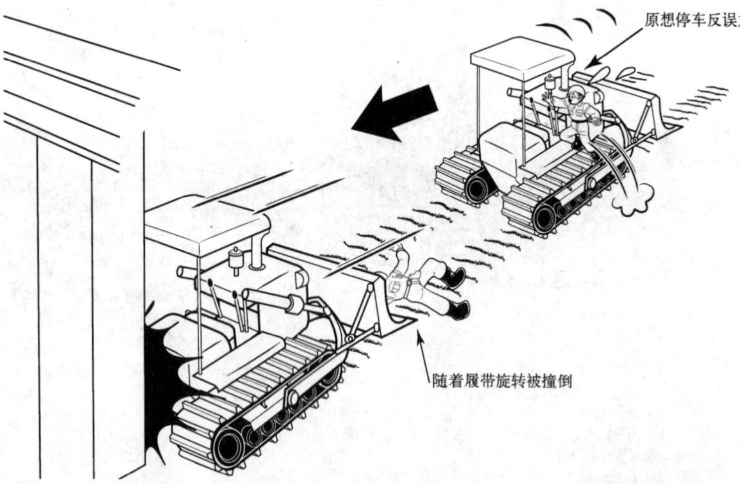

【主要原因】 ①②

实例 131	2	建筑机械事故	2.3	推土机、滚轧机等施工

◆ 推土机在陡坡突然启动，工人被夹在混凝土搅拌车之间

【事故发生简介】

为了在由农用地改造的斜面排水道上铺设混凝土，混凝土搅拌车勾挂推土机从陡坡（17 度）行驶而下，到了坡下，推土机的驾驶员离开驾驶室进入混凝土搅拌车与推土机之间试图除去牵引绳索时，停在坡路上的推土机突然启动，驾驶员被夹在混凝土搅拌车与推土机之间。

【主要原因】 ①②③

实例 132	2	建筑机械事故	2.3	推土机、滚轧机等施工

◆ 进行推土作业的推土机掉入水道

【事故发生简介】

驾驶员乘坐推土机（D–21P）进行残余土块的处理施工作业中，行驶失误跌入水道，并被压在车下。

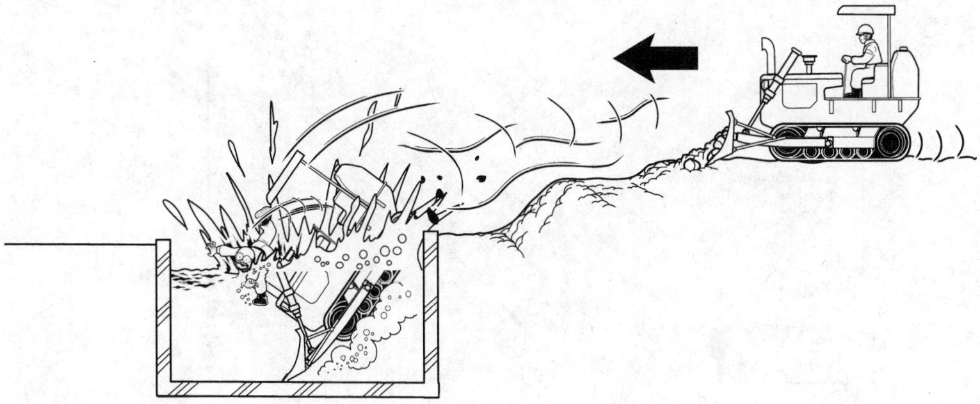

【主要原因】 ⑥⑦

实例 133	2	建筑机械事故	2.3	推土机、滚轧机等施工

◆ 在砂石碎屑临时堆放场进行推土作业中，推土机突然急速行驶而翻倒

【事故发生简介】

在隧道外的碎屑临时堆放场，推土机将碎屑推向斜坡时，驾驶员试图踩离合器但没有踩到，推土机驶下斜坡翻倒，驾驶员被压在车下。

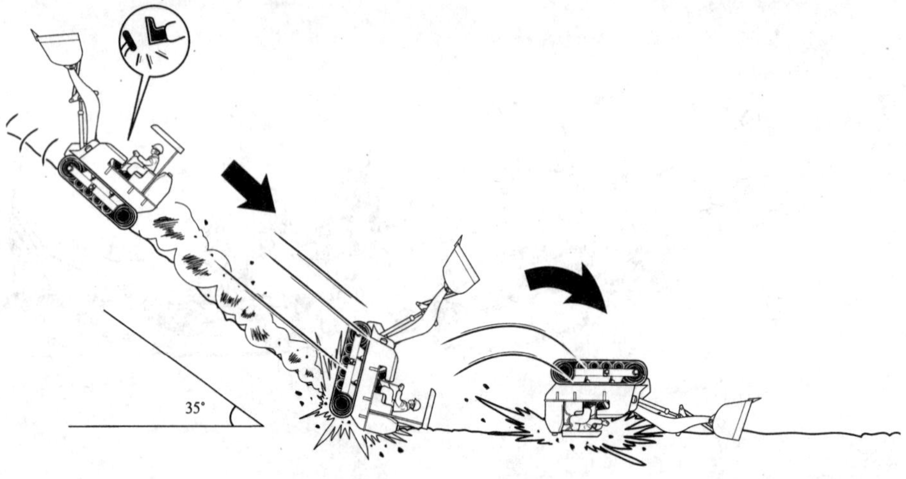

【主要原因】 ⑦⑨

实例 134	2	建筑机械事故	2.3	推土机、滚轧机等施工

◆ 在斜坡上使用推土机将挖掘土推向下方时，倒向前方

【事故发生简介】

在斜坡上使用推土机（D3C）将挖掘出的土推向下方的施工作业中，推土机的前端向前方坠落，驾驶员被压在推土机下。

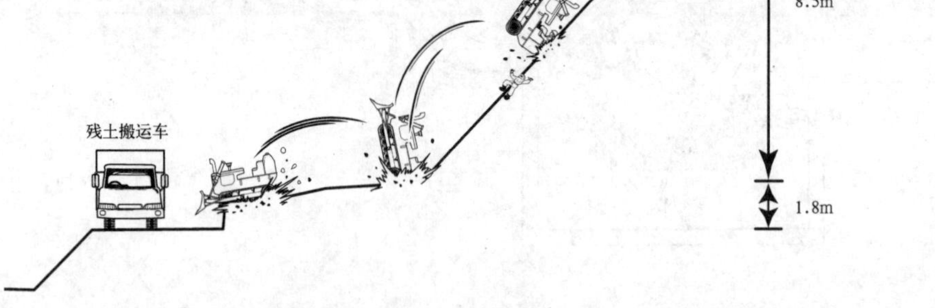

【主要原因】 ⑦⑨

实例 135	2	建筑机械事故	2.3	推土机、滚轧机等施工

◆ 被道路铺装用的联合滚轧机压倒

【事故发生简介】

铺设停车场的施工中，在 4t 联合滚轧机的施工区内，工人使用铁板进行地面加固施工时，被后退而来的联合滚轧机压倒。之前，驾驶员和受害工人相互确认了对方进行的施工，但均未停止自己的操作。

【主要原因】 ⑤⑦⑩⑫

实例 136	2	建筑机械事故	2.3	推土机、滚轧机等施工

◆ 移动振动滚轧机时，被后退而来的推土机撞倒

【事故发生简介】

改造地基的施工中，推土机驾驶员让工人帮忙移动振动滚轧机，后退而来的推土机没有发现工人而将其撞倒。

工人未接受过有关振动滚轧机的技术培训。

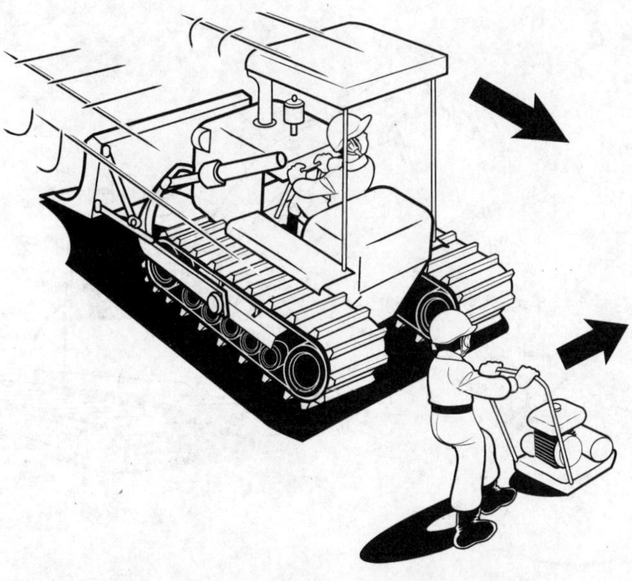

【主要原因】 ⑥⑦⑩⑫

实例 137	2	建筑机械事故	2.3	推土机、滚轧机等施工

◆ 滚轧机驶下斜坡时翻倒

【事故发生简介】

滚轧机驶下施工用道路的斜坡部分（长 16.8m，倾斜角 15.30°）时滑倒，驾驶员被甩出车外，被压在滚轧机与地面之间。

【主要原因】 ⑦⑧⑨⑩ ⑪⑫

实例 138	2	建筑机械事故	2.3	推土机、滚轧机等施工

◆ 大型轧碎机进行轧碎施工中，飞起的碎石击中驾驶室

【事故发生简介】

使用大型轧碎机进行石块(50cm 左右)轧碎的施工中，5cm 的碎石击穿驾驶室的玻璃，击中驾驶员的左眼。

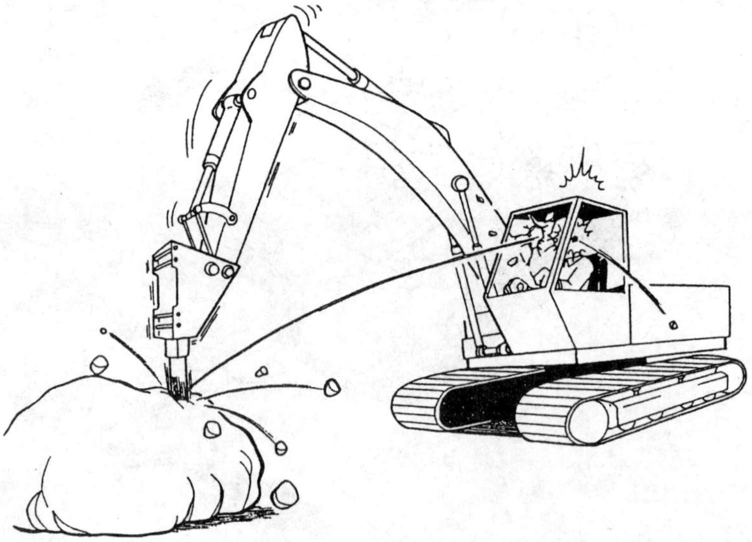

【主要原因】 ⑬

实例 139	2	建筑机械事故	2.3	推土机、滚轧机等施工

◆ 在铺路施工中的大型滚轧机压住脚

【事故发生简介】

在铺设停车场路面的施工中，4t 重的大型滚轧机使用压板在施工区域内进行滚轧施工中，工人的左脚被后退而来的滚轧机压住。虽然事故发生前，受害者与滚轧机司机相互进行了确认，但没有停止施工。

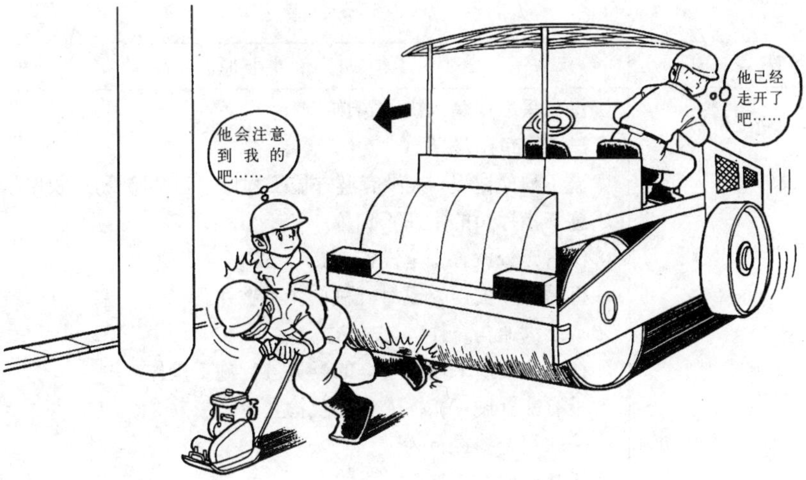

【主要原因】 ⑤⑦

实例 140	2	建筑机械事故	2.3	推土机、滚轧机等施工

◆ 挖掘面的表面坍塌

【事故发生简介】

由于挖掘面的表面坍塌，工人被下落的破碎石块砸伤右脚。

【主要原因】 ⑨⑫

2.4　高空作业车施工

主要原因

类型	主要原因
被夹入或被卷入施工机械	①没有采取严禁入内的措施
	②进入了危险场所
	③施工程序错误，或没有遵守施工程序（对危险场所的确认不充分）
撞击	④施工指挥员的指挥不到位
	⑤没有充分设置安全设备
	⑥机械操作失误，或对机械操作不够熟悉
	⑦缺乏沟通与合作
	⑧在危险场所采取不安全的姿势进行施工操作
	⑨没有配置施工指挥人员以及检查员
	⑩采取了走捷径行为
	⑪手势语实施不彻底
	⑫判断错误，产生误解
翻倒	⑬对路基的确认准备不充分
坠落	⑭建筑材料的整理不到位
	⑮用作他用
	⑯对危险情况不够重视
	⑰不了解机械的操作特性
	⑱无执照人员进行驾驶
	⑲没有制定施工计划，或计划不充分

■ 高空作业车的施工安全检查要点

驾驶资格
- 施工面的高度10m以上……技术培训结业人员
- 施工面的高度10m以下……特别培训结业人员

1. 确定施工计划并在施工指挥人员的指挥下按计划施工。
2. 施工前检查机械运行是否正常（吊杆的升降、旋转、伸缩）。
3. 施工前检查控制装置运行是否正常（紧急制动装置、平衡装置等）。
4. 确实伸出支架后进行施工。
5. 将机械水平放置在坚固的场地。
6. 检查施工基地是否存在裂缝、腐蚀和损伤。

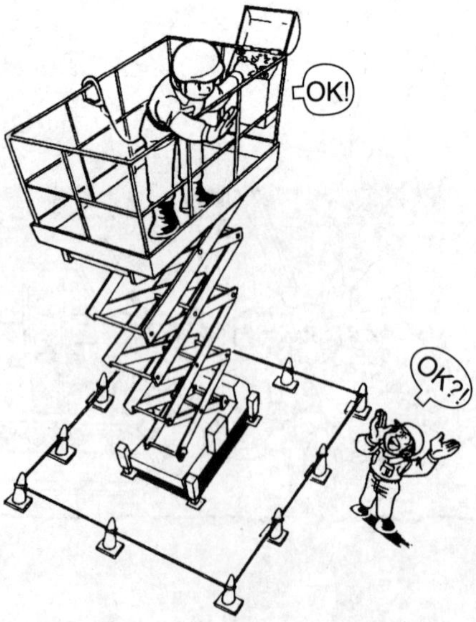

7. 进行高空作业时将安全带的挂钩挂在扶手上。
8. 不在非施工基地进行施工。
9. 不在施工面上堆放超过承载能力的物品。
10. 除吊卸物件外不作他用。
11. 在有跌倒危险的场所设置栏杆采取严禁入内的措施。

实例 141	2	建筑机械事故	2.4	高空作业车施工

◆ 施工作业车操作失误，工人被夹在检查口与作业台扶手之间

【事故发生简介】

工人使用高空作业车，在厂房吊顶内安装吊顶螺栓时，头部被夹在吊顶检查口与作业台扶手之间。

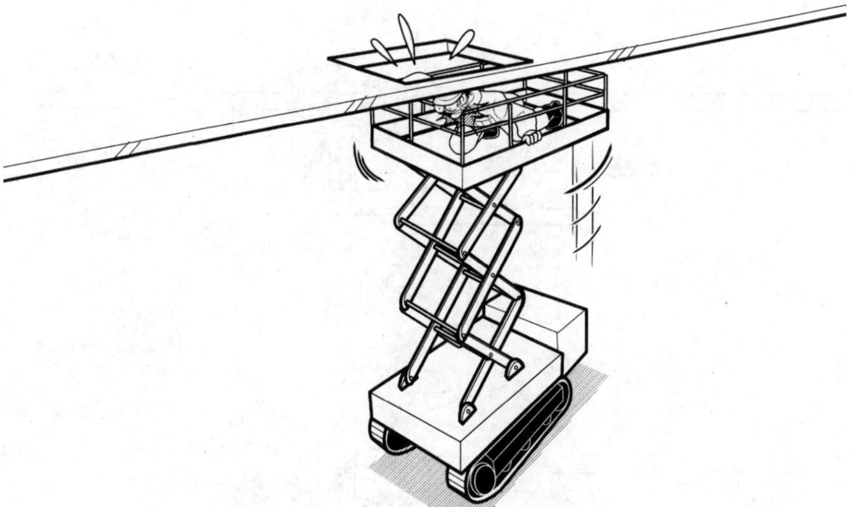

【主要原因】 ③⑥⑨⑯

实例 142	2	建筑机械事故	2.4	高空作业车施工

◆ 移动升高的高空作业车时，轮胎陷进楼板的洞内而翻倒

【事故发生简介】

工人为了修补防火保护层，站在升高的高空作业车上并移动时，车轮陷进楼板电源插座的洞内，工人与高空作业车一起跌倒。

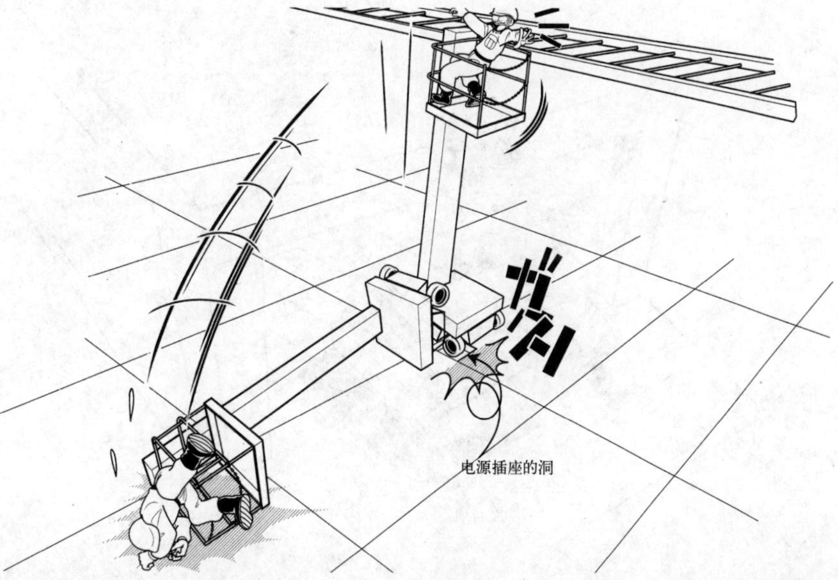

【主要原因】 ③⑨⑬⑯

实例 143	2	建筑机械事故	2.4	高空作业车施工

◆ 站在高空作业车上移动时，被夹在桁架与扶手之间

【事故发生简介】

工人在桁架龙骨(高 2.5m)内完成供水管的安装，回到高空作业车的站板后，让同事行驶高空作业车前行，前行中被夹在身后的桁架龙骨与扶手之间。驾驶员没有驾驶执照。

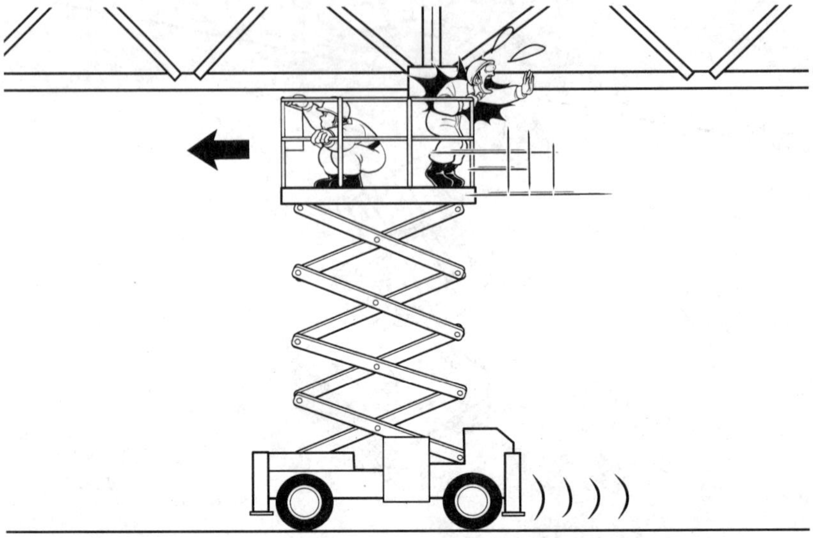

【主要原因】⑪ ⑯ ⑱

实例 144	2	建筑机械事故	2.4	高空作业车施工

◆ 站在高空作业车上移动时，被夹在梁与高空作业车的扶手之间

【事故发生简介】

工人为了移动高空作业车，背朝后行驶高空作业车穿过墙面洞口处时，胸部被夹在梁与高空作业车的扶手之间。

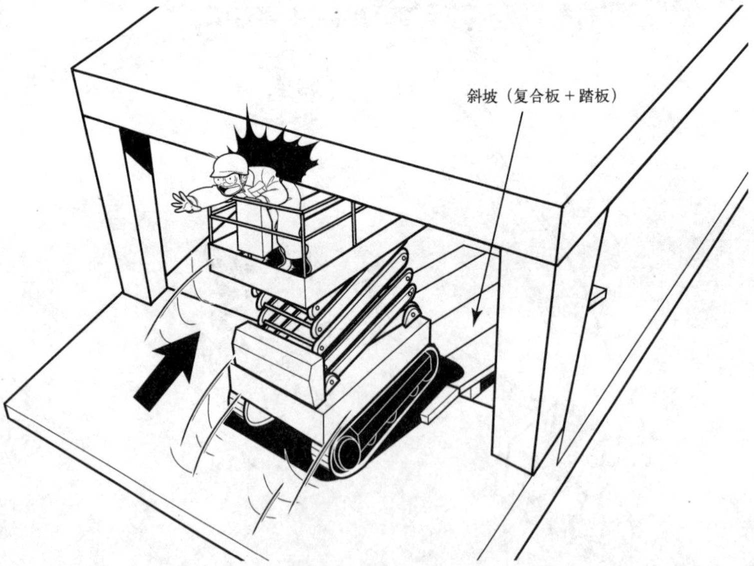

【主要原因】⑫ ⑯ ⑱

实例 145	2	建筑机械事故	2.4	高空作业车施工

◆ 将干线电缆放在高空作业车上，上升途中翻倒

【事故发生简介】

为了铺设钢结构工程中用于焊接的临时干线电缆，工人站在高空作业车（高 7.2m）上，将电缆横跨作业台并放置在其上。在高空作业车上升途中，由于电缆较重，导致高空作业车倾斜，车身由于失去平衡而翻倒，工人被压在车下。

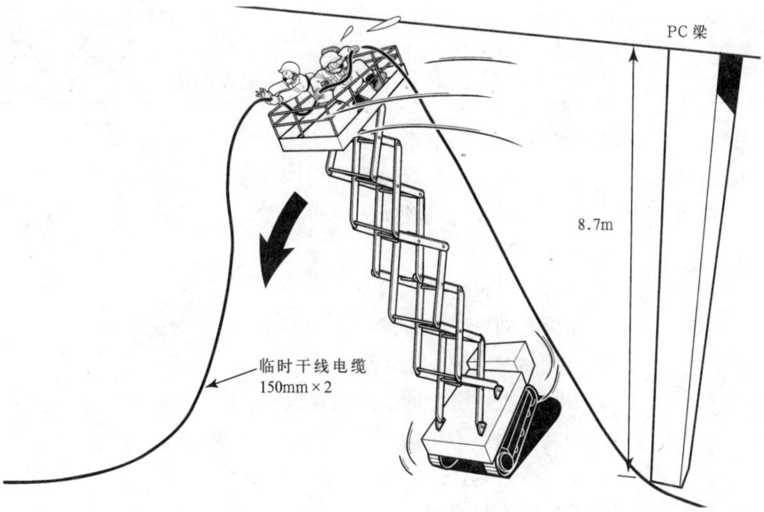

【主要原因】⑮ ⑲

实例 146	2	建筑机械事故	2.4	高空作业车施工

◆ 工人从吊车梁返回高空作业车时不慎坠落

【事故发生简介】

工人在安装格构式吊车梁时，工人在吊车梁上移动，试图从吊车梁上返回至高空作业车内休息时，身体失去平衡坠落至地（移动时没有使用安全带）。

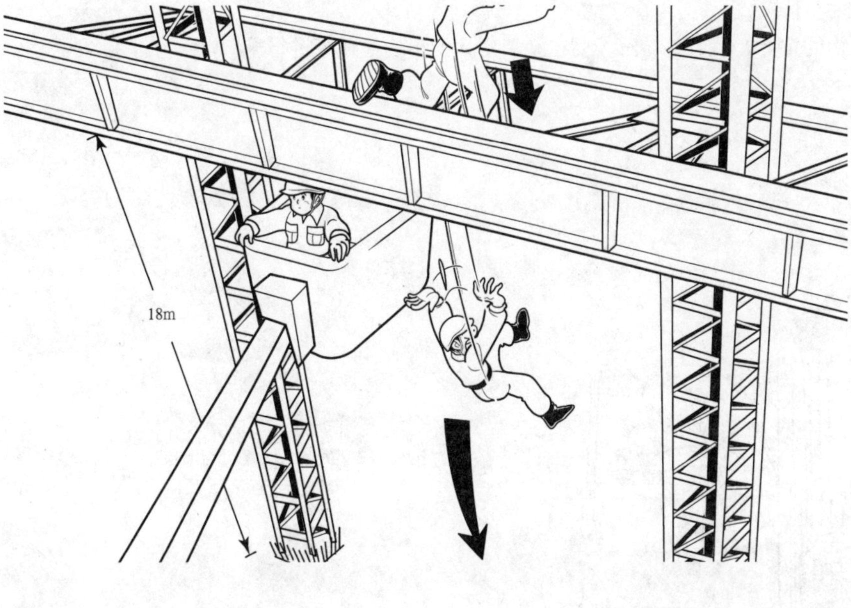

【主要原因】⑮ ⑯

2.5　铲车等搬运车施工

2	建筑机械引起的事故	2.5	铲车等搬运车施工

主要原因

类型	主要原因
撞击 被夹入或被卷入施工机械	①没有设置防滑措施 ②在不恰当的位置停车 ③驾驶员没有驾驶执照 ④操作错误 ⑤没有设置引导人员 ⑥没有刹车 ⑦物品的堆积方法不稳定 ⑧防止物件坍塌的措施不到位 ⑨施工程序不正确 ⑩没有采确合适的施工车辆 ⑪超出使用范围 ⑫轻率使用（对危险情况认识不足）

■ 铲车施工的安全检查要点

1. 停在斜坡上时，确保刹住车
2. 停车时采取防止滑动措施
3. 采取正确的物品堆放方式，使用绳索等防止物件坍塌
4. 选择合适的车辆
5. 确认道路安全情况
6. 每件堆积物的重量大于100kg时，要在施工指挥人员的指挥下进行施工

■ 驾驶资格
- 最大重量1t以上……技术培训结业人员
- 最大重量1t以下……特别培训结业人员

- 定时对机械进行检查
- 顶盖、桅杆是否有变形，是否有裂痕，损伤
- 站板是否损伤及变形，是否发生腐蚀

实例　147	2	建筑机械事故	2.5	铲车等搬运车施工

◆ 坡道中心线反光标识的施工中，被滑动的铲车撞倒

【事故发生简介】

为了在从1层到地下1层的车辆专用坡道上进行中心线反光标识的施工，工人使用风钻在地面开洞，停放在坡道出入口附近无人驾驶的铲车（1.5t）突然后退驶来，撞倒施工工人。

【主要原因】 ①②

实例　148	2	建筑机械事故	2.5	铲车等搬运车施工

◆ 使用铲车装卸卡车上的钢板时，工人被后退而来的铲车后轮碾压

【事故发生简介】

使用铲车装卸4t卡车上堆积的钢板时，工人的右脚被后退的铲车后轮碾压。

【主要原因】 ③⑤

实例　149	2	建筑机械事故	2.5	铲车等搬运车施工

◆ **铲车驾驶员在装载货物时，货物倒塌，工人被压在倒塌的货物下**

【事故发生简介】

工人在1层取货处使用铲车装载货物时，货物堆放不稳而倒塌，工人被夹在货物间。

【主要原因】 ④⑦

实例　150	2	建筑机械事故	2.5	铲车等搬运车施工

◆ **站在铲车上拧紧液压锤的螺栓时坠落**

【事故发生简介】

工人试图将液压锤与打桩机的导杆连接螺栓拧紧，将停在附近的铲车当作脚手架进行施工作业时，身体失去平衡而坠落。

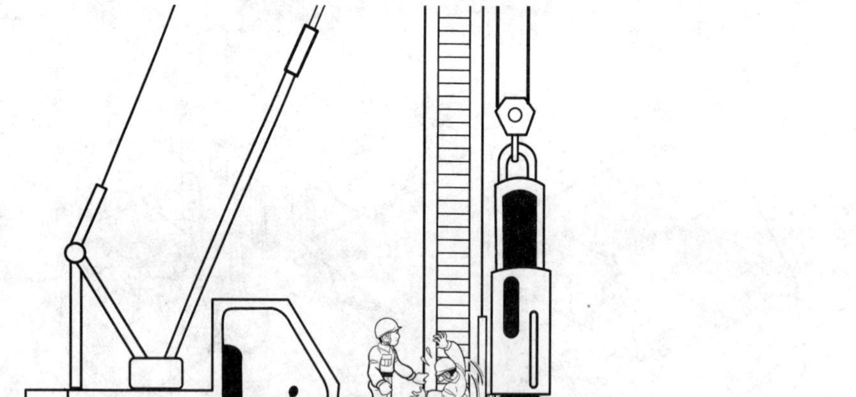

【主要原因】 ⑪⑫

实例 151	2	建筑机械事故	2.5	铲车等搬运车施工

◆ 装载轻钢龙骨材料的台车站板翻倒

【事故发生简介】

在降脚手架的取货台上，工人试图将装载轻钢龙骨底面材料的站板，连同台车一起从取货台放到升降脚手架上时，由于碰上伸缩门无法进入，工人试图搬运台车时，站板突然倒塌，工人被夹在取货台下。

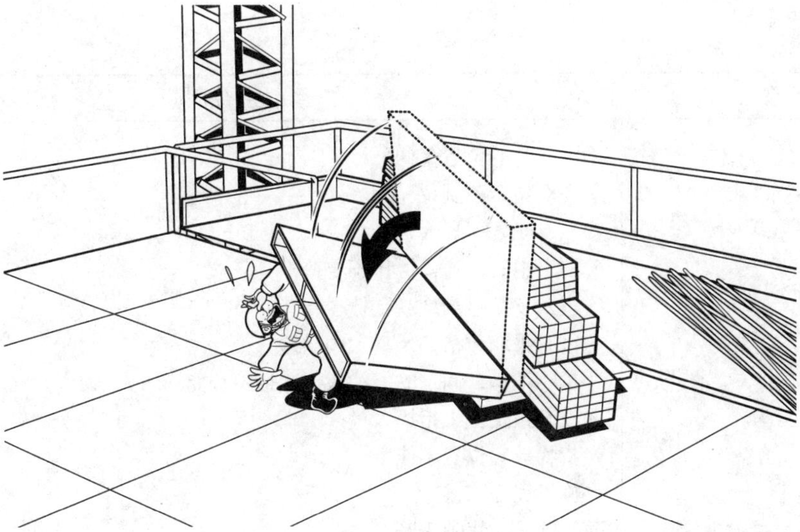

【主要原因】 ⑥⑧

实例 152	2	建筑机械事故	2.5	铲车等搬运车施工

◆ 将用于内装修的金属板搬运上台车时，被倒塌的货物击中

【事故发生简介】

3 名工人搬运装修用的材料（金属板 60kg/ 张，共 8 张）到 2 辆台车上时，由于台车的前车轮卡在铁板坡道（倾角 11°）的端部，板材向后滑落，击中搬运工人。

【主要原因】 ⑦

2.6　土方工程车、卡车施工

主要原因

类型	主要原因
撞击 卷入 坠落	①引导时的位置欠佳 ②安全指示不到位 ③没有配置引导人员 ④施工中的沟通、协作不充分 ⑤进入了危险场地（走捷径行为） ⑥没有采取严格的严禁入内措施 ⑦货物堆积、固定的方法欠佳，或不稳定 ⑧没有指定施工指挥人员 ⑨货物放置位置不佳 ⑩施工程序错误 ⑪驾驶员的驾驶错误 ⑫没有制订施工计划 ⑬驾驶员没有驾驶执照 ⑭停车时没有挂刹车档 ⑮堆放台没有使用安全支柱

■ 土方工程车施工的安全检查要点

■ 对驾驶员及车辆进行管理的安全检查要点

实例 153	2	建筑机械事故	2.6	土方工程车、卡车施工

◆ 土方机械车从路边坠落

【事故发生简介】

在道路施工中，使用土方工程车将沙土搬运至填埋地点，运输途中土方工程车从路边坡道处滑落，驾驶员被压在车下。驾驶员无驾驶执照，在雨后非常滑的急转弯坡道上高速行驶。

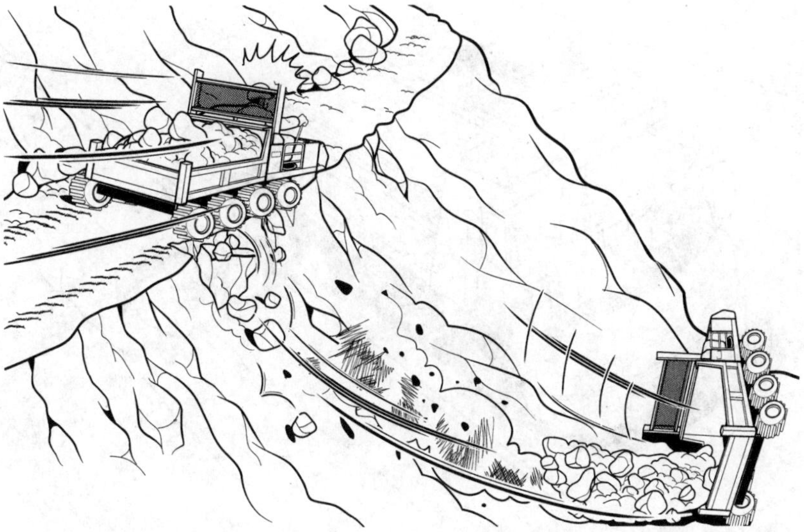

【主要原因】⑪⑬

实例 154	2	建筑机械事故	2.6	土方工程车、卡车施工

◆ 土方工程车过于靠近路边而坠落

【事故发生简介】

在道路施工中，使用土方工程车将挖掘的沙土搬运至丢弃地点，运输途中，由于土方工程车过于靠近路边而从路边坠落，驾驶员被压在车下。驾驶员无驾驶执照，也没有设置引导人员。

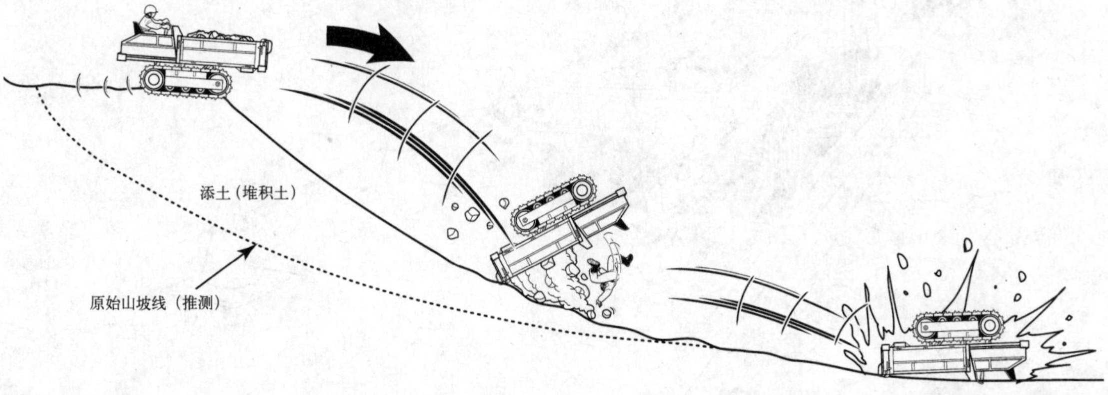

【主要原因】⑪⑬

实例 155	2	建筑机械事故	2.6	土方工程车、卡车施工

◆ 被倒退行驶而来的自卸车撞倒

【事故发生简介】

工人在斜坡道路的坡顶处安装铺路模板时，被满载模板倒退行驶而来的 2t 自卸车撞倒。

【主要原因】 ③⑥

实例 156	2	建筑机械事故	2.6	土方工程车、卡车施工

◆ 被搬运碎石倒退行驶而来的自卸车撞倒

【事故发生简介】

工人在进行铺装道路的路面清扫作业时，由于搬运碎石的自卸车比预定时间早到，在没有引导人员的情况下自行倒退驶进施工现场，卡车的左后轮将清扫中的工人撞倒。

【主要原因】 ③④

实例 157	2	建筑机械事故	2.6	土方工程车、卡车施工

◆ 被自卸车的车箱夹住

【事故发生简介】

由于自卸车的离合器发生故障，驾驶员掀起车箱进行维修时，被突然掉下的车箱夹住。因操纵杆发生故障车箱无法抬起，安全支柱在事故发生时无法使用。

【主要原因】 ⑮

实例 158	2	建筑机械事故	2.6	土方工程车、卡车施工

◆ 站在卡车上装载拆除的建材时，从卡车上跌落

【事故发生简介】

在木结构房屋的拆除现场，工人们使用步冲轮廓机将拆除的建材装载到 6t 卡车上，站在驾驶室附近的一名工人为了躲避搬运建材的步冲轮廓机，从卡车上失足跌落。

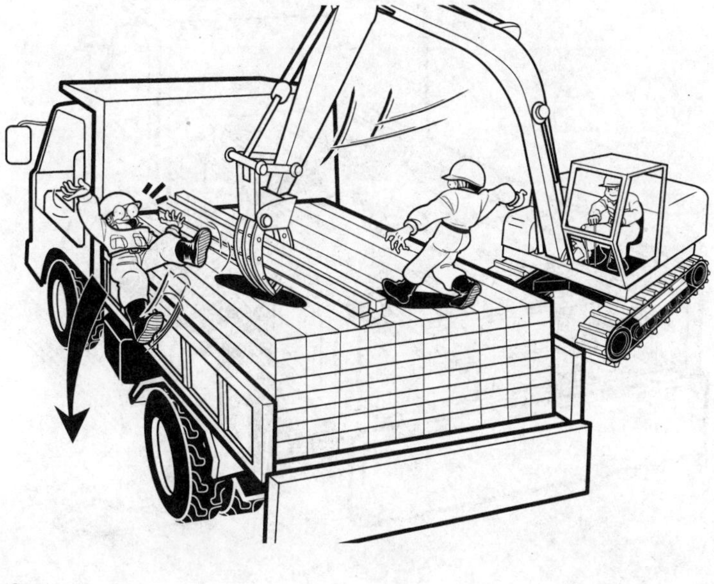

【主要原因】 ④⑤⑩

实例　159	2	建筑机械事故	2.6	土方工程车、卡车施工

◆ 卡车的侧板突然翻倒，被车上落下的货物砸中腿部

【事故发生简介】

工人从 4t 卡车上卸载模板用的角钢（长 3 ~ 4m）时，由于无法打开卡车的侧板，便抓住把手使劲摇晃卡车的侧板，晃动中侧板突然打开，工人被车上落下的角钢砸中腿部。

【主要原因】 ⑦

实例　160	2	建筑机械事故	2.6	土方工程车、卡车施工

◆ 从卡车上卸载 H 型钢时，随同坍塌的 H 型钢一起从卡车上跌落

【事故发生简介】

伴随扩建工程，需要对现有建筑进行局部拆除。工人将拆除的 H 型钢搬出施工现场，在废料处理厂将其从卡车上卸载，当解除大型自卸车（10t）上固定货物的钢丝时发生货物塌方，工人与 H 型钢（600kg）一起从车上跌落。

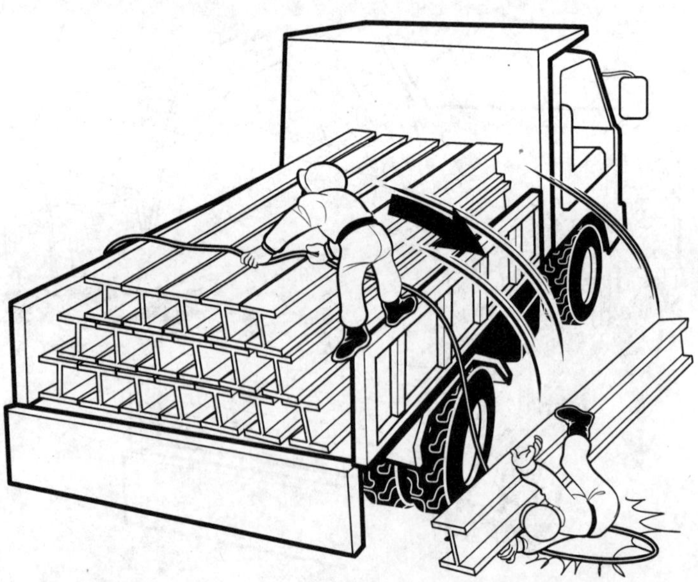

【主要原因】 ⑦⑧

2.7 混凝土泵车施工

2	建筑机械引起的事故	2.7	混凝土泵车施工

主要原因

类型	主要原因
撞击 卷入	①没有采取防止车辆滑动的措施 ②施工程序错误 ③漏斗或软管有破损 ④吊杆有折损 ⑤轻视安全或发生了危险行为 ⑥进入了危险场所
坠落	⑦没有设置用于施工的基地或临时道路 ⑧没有使用安全带 ⑨进入了危险场所 ⑩拆除了栏杆扶手 ⑪机器有缺陷或损伤 ⑫发生了危险行为

■ 混凝土泵车施工的安全检查要点

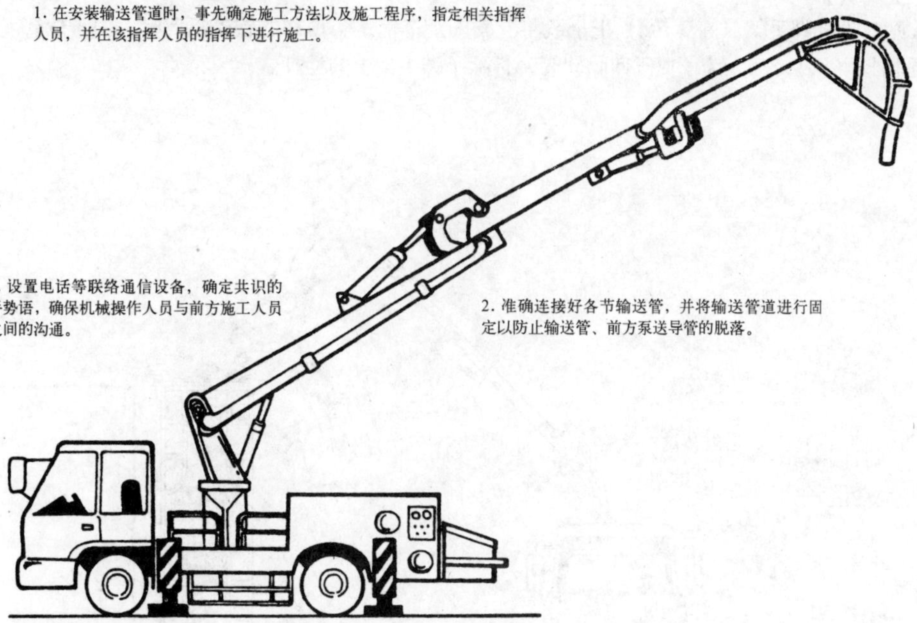

- 停车时采取挂挡刹车等停车措施。
- 不得已要将混凝土泵车停在斜坡上时，要严格遵守泵车使用说明书中规定的注意事项。
- 使用垫板等器具水平设置混凝土泵车。
- 严禁漏斗与防护网之间产生缝隙。

实例　161	2	建筑机械事故	2.7	混凝土泵车施工

◆ 混凝土泵车从斜坡上滑动，撞倒准备浇筑混凝土的工人

【事故发生简介】

在施工现场的临时道路（坡度 11%）上完成混凝土的浇筑后，为了将混凝土泵车移至下一个施工地点，工人将前后四个支脚同时拆除的瞬间，混凝土泵车突然越过制轮器而开始行驶，将在下方坡道上施工的工人撞倒。

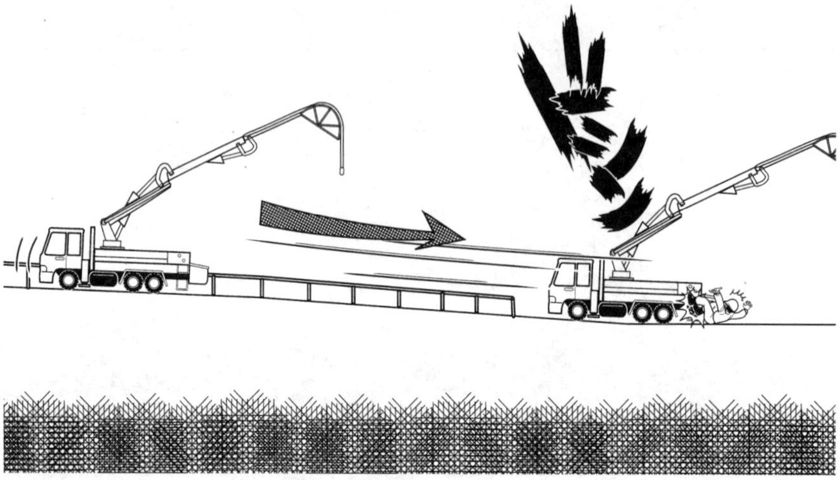

【主要原因】 ①

实例　162	2	建筑机械事故	2.7	混凝土泵车施工

◆ 站在外部脚手架上，欲收回输送管顶部的软管时坠落

【事故发生简介】

工人站在外部脚手架（高 3.5m）上，欲将混凝土泵车输送管顶部的软管收回时，由于软管发生振动而被振落至地上。当时，工人为了便于回收软管，拆除了脚手架上的栏杆。

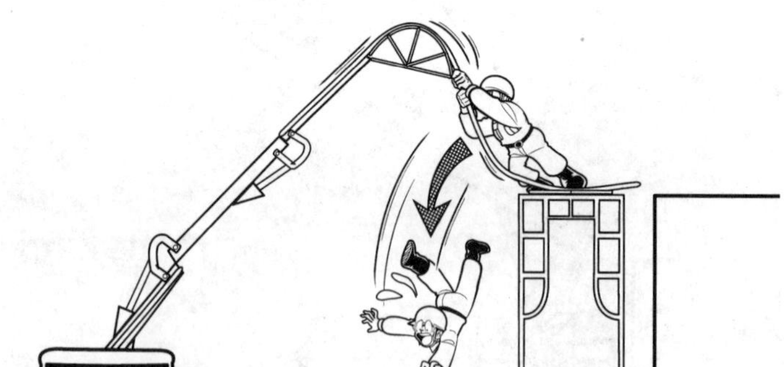

【主要原因】 ⑧⑨

实例 163	2	建筑机械事故	2.7	混凝土泵车施工

◆ 脚被卷入混凝土泵车的漏斗里

【事故发生简介】

工人将混凝土泵车停放在施工操作面上，并向其压送混凝土，其间，工人登上漏斗的上部进行操作时，脚误踏进漏斗外框与防护网之间的缝隙内，被叶片卷入。

【主要原因】 ③⑤

实例 164	2	建筑机械事故	2.7	混凝土泵车施工

◆ 为浇筑混凝土而使用振动器的过程中，被折断的吊杆击中

【事故发生简介】

在进行坡顶屋面楼板的混凝土浇筑施工中，工人使用振动器进行操作时，混凝土泵车第三节的吊杆突然折断，击中工人的腿部。

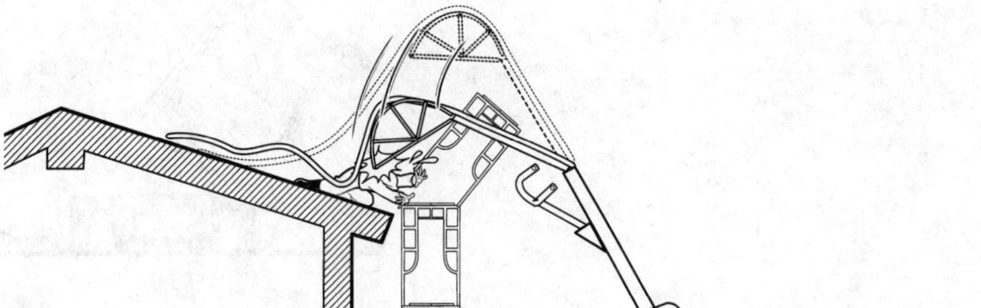

【主要原因】 ④

实例 165	2	建筑机械事故	2.7	混凝土泵车施工

◆ **在浇筑混凝土的施工中，修理堵塞的输送管时被弹起的管道击中**

【事故发生简介】

使用混凝土泵车压送混凝土时，工人发现输送管道发生堵塞，于是便敲打堵塞部分的管道，管道疏通的瞬间，被堵塞的混凝土汹涌而出，工人被掀起的管道击中。

【主要原因】②⑥

实例 166	2	建筑机械事故	2.7	混凝土泵车施工

◆ **浇筑预拌混凝土时，被断裂的软管击中**

【事故发生简介】

间隔 40min 后，准备开始混凝土的二次浇筑施工，由于压送泵的顶端软管（直径 100mm，长 8m）被混凝土堵塞，工人为了调查情况而暂停施工。随后，再次开始施工，加压的瞬间，抽吸软管的顶端仅留下 1m 左右的长度，其余全部折断落下，工人被落下的软管击中。

【主要原因】②⑥

实例 167	2	建筑机械事故	2.7	混凝土泵车施工

◆ 骑在吊杆上修理堵塞的混凝土泵车的输送管时滑落

【事故发生简介】

浇筑混凝土的过程中，预拌混凝土车的弯曲部分发生故障，工人骑上吊杆和压送管进行修理时，由于当时下雨，工人失滑，从吊杆上跌落。

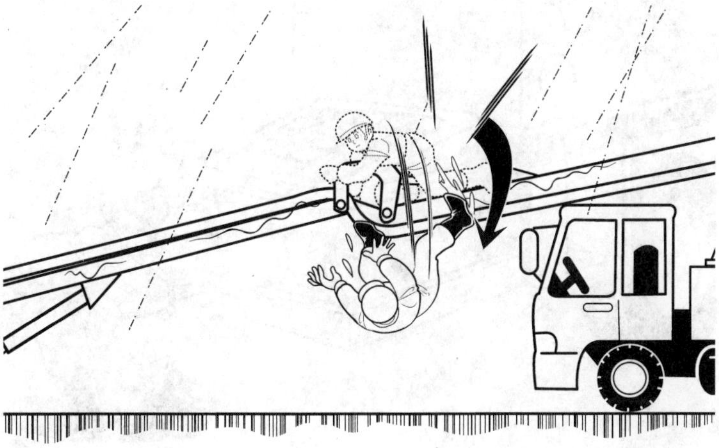

【主要原因】⑤⑥⑦

实例 168	2	建筑机械事故	2.7	混凝土泵车施工

◆ 混凝土浇筑完成后对输送管道进行清洗时被喷出的高压水击中

【事故发生简介】

混凝土浇筑完成，工人用水对压送管道（直径 5 英寸）进行清洗后关闭阀门，拆除阀门与泵车之间的压送管道，并用钢丝将排水软管绑扎在顶端排水软管的金属连接器上。随后，当工人打开阀门开始进行排水时，排水软管的连接处突然脱开，水压高度约 100m 的清洗用水从连接处喷出，击中 5m 外施工的工人。

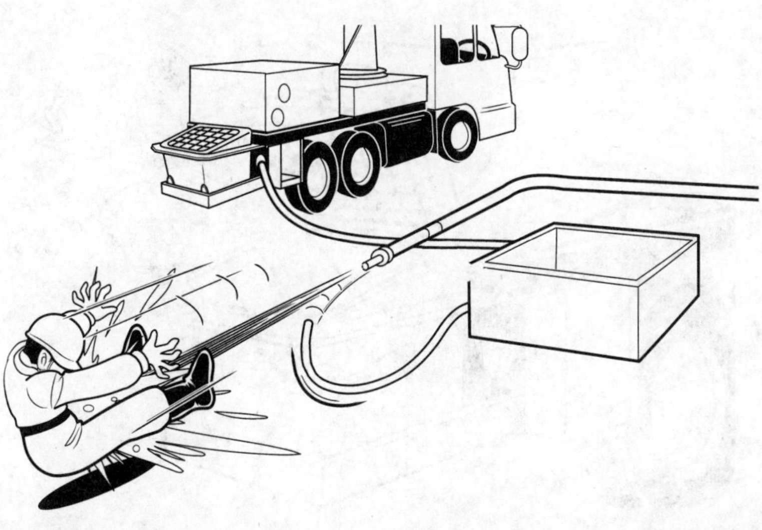

【主要原因】②③

实例 169	2	建筑机械事故	2.7	混凝土泵车施工

◆ 为了取出混凝土泵车漏斗内的混凝土，手伸进导管时被夹

【事故发生简介】

混凝土浇筑完成后，工人开始用水清洗泵车，清理剩余的混凝土。为了取出漏斗内的混凝土而将手伸进导管时，手被夹在转动的机器里。

【主要原因】⑤⑥

实例 170	2	建筑机械事故	2.7	混凝土泵车施工

◆ 清扫漏斗时，踏在转轴上的脚被割伤

【事故发生简介】

工人站在混凝土泵车的漏斗处，对完成混凝土浇筑的泵车进行清洗。由于脚踏在转轴上，一时疏忽，失足踏空，脚被转轴割伤。

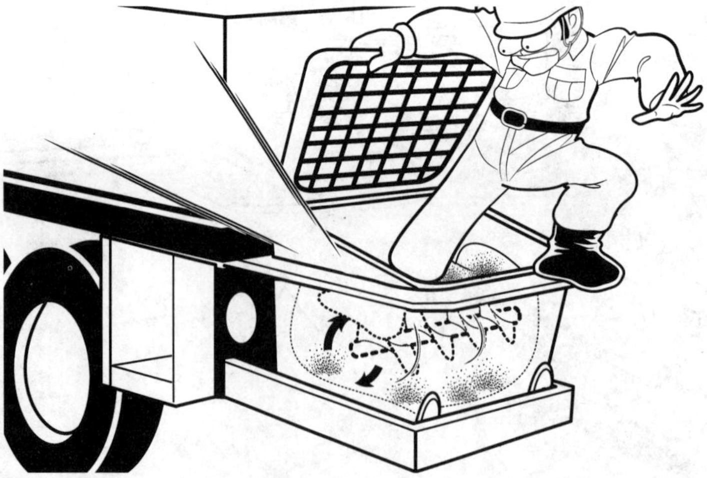

【主要原因】⑤⑥

实例 171	2	建筑机械事故	2.7	混凝土泵车施工

◆ **被晃动的软管击中脚面**

【事故发生简介】

使用混凝土泵车浇筑混凝土时，为了除去塞在混凝土泵车软管头部的混凝土而上升吊杆时，堵塞在软管内的混凝土突然喷出，其反弹力使得软管发生振动，工人的脚面被软管的端头击中。

【主要原因】 ⑥ ⑬

实例 172	2	建筑机械事故	2.7	混凝土泵车施工

◆ **检查高压水射清洗器时，突然喷水**

【事故发生简介】

在对混凝土表面的浮浆进行处理时，由于用于处理的高压水射清洗器的喷水状况不佳，工人在窥探清洗器的端部时，右眼被突然喷出的水击中。

【主要原因】 ② ⑬

2.8　起重机、挂钩施工

2	建筑机械引起的事故	2.8	起重机、挂钩施工

主要原因

类型	主要原因
翻倒 撞击 坠落	①天气恶劣 ②支脚没有完全撑开 ③支撑起重机的地基强度不够 ④机械操作错误或野蛮驾驶 ⑤机械操作者没有资格或执照 ⑥起重机没有被完全固定 ⑦吊件超重 ⑧物件的堆放方式不稳定 ⑨将材料临时放置在不稳定的场所 ⑩施工程序错误 ⑪挂钩钢线的拆除方法有误 ⑫挂钩的拆卸方法有误 ⑬挂钩操作人员没有相应的资格或执照 ⑭没有制定施工计划，或计划不周到
物件下落	⑮没有启动安全设备 ⑯使用不恰当的吊件 ⑰吊挂钢线的强度不够，或已有损伤 ⑱采用危险的吊挂方法 ⑲未发现安全隐患 ⑳操作危险的机械 ㉑没有采取安全栓等防止起重机臂坠落的防护措施。 ㉒没有采取严禁入内的措施。 ㉓进入吊件下方等危险地点。 ㉔没有配置操作指挥人员。

■ 移动式起重机施工的安全检查要点

- 驾驶资格
  （吊件重量）5t 以上……………驾驶执照
  1t 以上 5t 以下……技术研修结业人员
  1t 以下……………特别研修结业人员
- 挂钩技术主管
  （吊件重量）1t 以上……技术研修结业人员
  1t 以下……特别培训结业人员

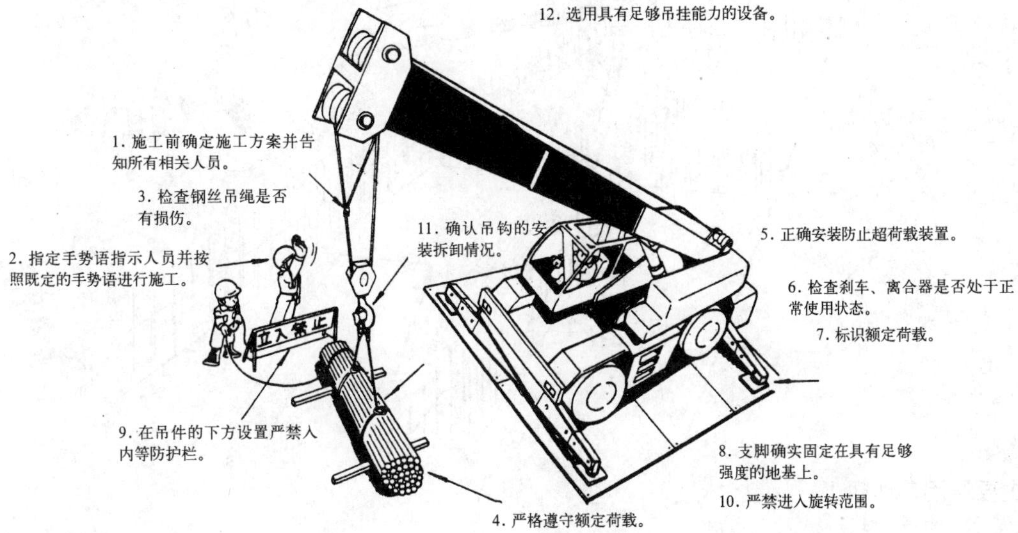

■ 挂钩操作时的安全检查要点

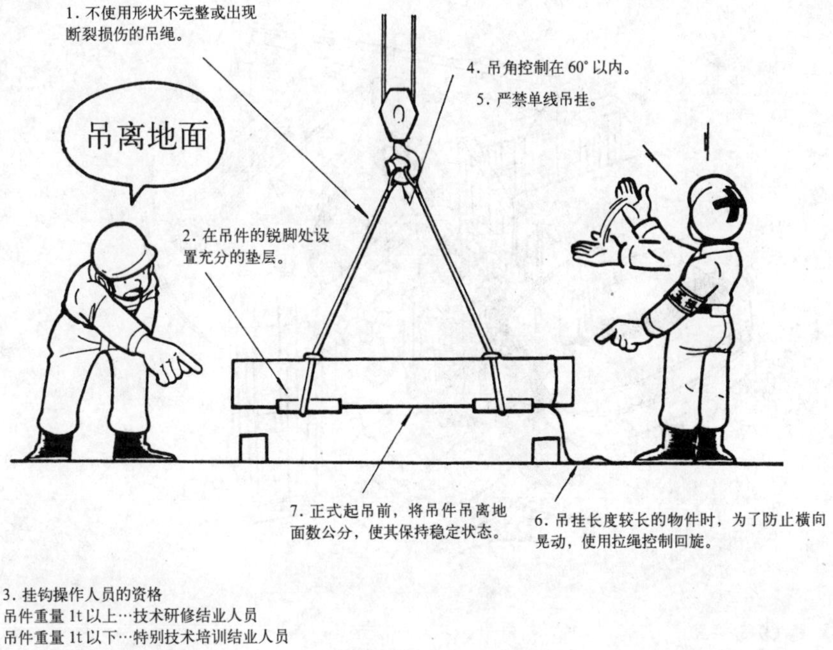

3. 挂钩操作人员的资格
吊件重量 1t 以上…技术研修结业人员
吊件重量 1t 以下…特别技术培训结业人员

实例　173	2	建筑机械事故	2.8	起重机、挂钩施工

◆ 吊挂超过起重机额定荷载的吊件而翻倒

【事故发生简介】

工人为了吊起模板的支梁材料（3.6m×56 根，约 0.71t），操纵 4.9t 的移动式起重机将吊杆倒向材料时，因起重机失去平衡而翻倒，工人被压在起重机下。

【主要原因】 ②③⑦

实例　174	2	建筑机械事故	2.8	起重机、挂钩施工

◆ 用卡车内装型移动式起重机起吊钢筋时起重机翻倒

【事故发生简介】

工人使用卡车内装型移动式起重机移动临时堆放在施工现场的钢筋（约 1.03t），当吊起钢筋并使其旋转时，起重机翻倒，工人被压在其下。

【主要原因】 ②③⑤

实例 175	2	建筑机械事故	2.8	起重机、挂钩施工

◆ 移动式起重机的吊件被突然刮来的风吹起，工人被吊钩击中

【事故发生简介】

使用 45t 移动式起重机进行基础周围碎石回填的施工，当采用网袋吊绳搬运碎石时，吊件被突然刮起的狂风掀起，吊杆倒向工人躲避的方向，工人被吊钩击中。

【主要原因】 ①③ ㉓

实例 176	2	建筑机械事故	2.8	起重机、挂钩施工

◆ 被翻倒的小型起重机失稳从卸料平台的侧边处坠落

【事故发生简介】

采用小型起重机将模板从地下 1 层卸载至地下 3 层，当将 40 块（约 1t）模板集中吊起并进行右旋转，即将经过卸料平台的侧边时，起重机失去平衡翻倒，驾驶员被甩出，从 11m 高处坠落。

【主要原因】 ③④⑦

实例 177	2	建筑机械事故	2.8	起重机、挂钩施工

◆ **移动式起重机翻倒，工人被吊杆击中**

【事故发生简介】

用移动式起重机吊起用于柱钢筋绑扎的移动平台，当工人一边移动一边倾倒吊杆时，超载警报鸣笛，吊杆停止下降。但由于看到“再移动一点”的手势语，驾驶员关闭警报器，继续倾倒吊杆时，击中在附近整理箍筋的工人。

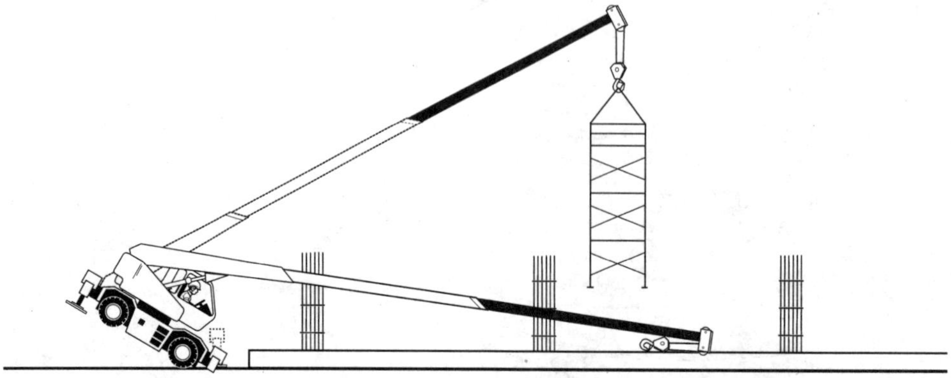

【主要原因】 ⑦ ⑮ ㉓

实例 178	2	建筑机械事故	2.8	起重机、挂钩施工

◆ **简易起重机从临时施工台上坠落，驾驶员也随之坠落**

【事故发生简介】

在临时施工台上，使用简易起重机（额定吊挂重量 450kg）将模板材料卸载至地面施工时，起重机横向翻倒，砸坏临时施工台的栏杆，驾驶员与起重机一起坠落。

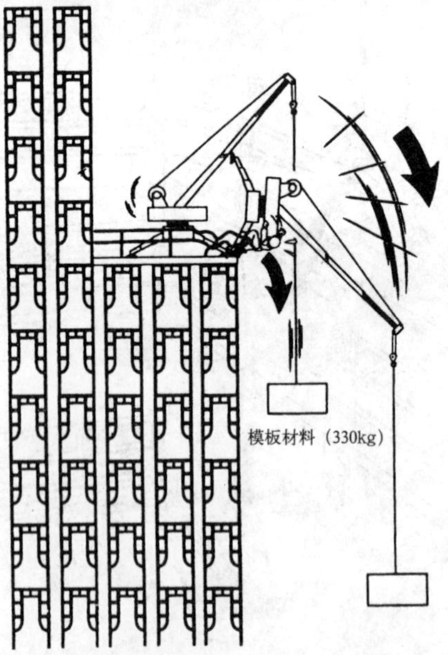

【主要原因】 ⑥

实例　179	2	建筑机械事故	2.8	起重机、挂钩施工

◆ **履带起重机在旋转中翻倒**

【事故发生简介】

工人在栈桥（坡度15%）上驾驶履带起重机（4.8t）吊起3块铺面板（1.635kg）并进行旋转时，起重机翻倒，驾驶员被压在驾驶室与栈桥路面之间。

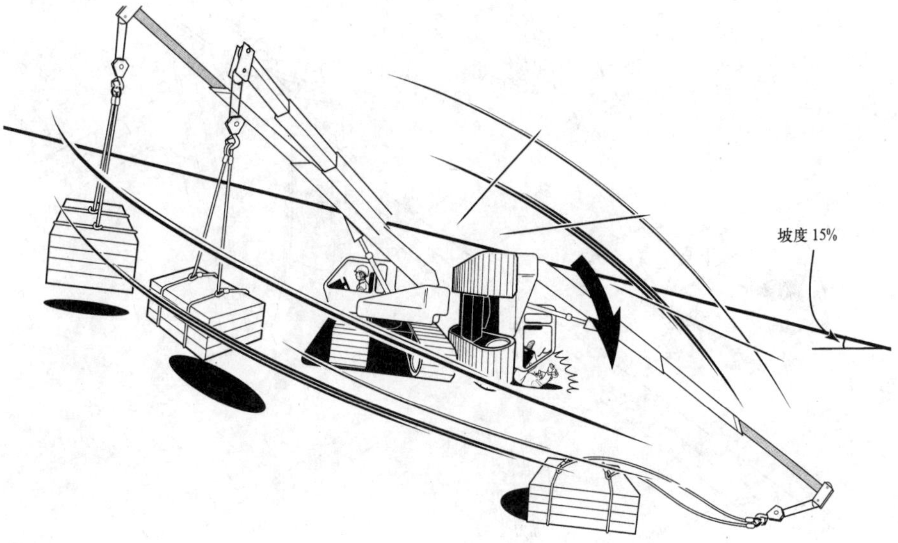

【主要原因】 ②④⑦⑳

实例　180	2	建筑机械事故	2.8	起重机、挂钩施工

◆ **由于支脚没有完全撑开而翻倒**

【事故发生简介】

为了铺设35t移动式小型起重机的垫板，将2块垫板（重900kg）从11.5m处吊起，当吊至50m高度时，吊杆向前方倾斜并继续前倾翻倒，击中吊钩操作人员。

【主要原因】 ②③㉓

实例 181	2	建筑机械事故	2.8	起重机、挂钩施工

◆ 使用起重机吊装复合板时，复合板散落

【事故发生简介】

进行模板吊装时，汽车起重机（45t）将100块复合板（900mm×600mm×12mm）用2根吊带吊挂后，越过2层钢梁欲卸载至1层地面时，复合板散落，击中准备接取复合板的工人。

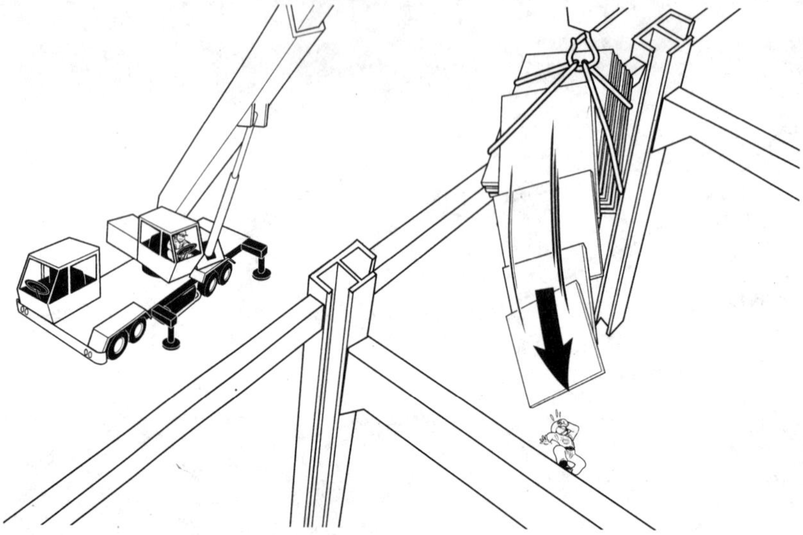

【主要原因】⑯⑱㉒㉓㉔

实例 182	2	建筑机械事故	2.8	起重机、挂钩施工

◆ 吊网吊起的角材从屋顶散落

【事故发生简介】

使用设置在屋顶的悬臂起重机吊装屋面遮蔽材料（角材），解除单侧吊网，用起重机吊起角材并卸载到屋顶后，起重机继续向场外旋转，此时，角材被刮到吊网上并坠落，击中从建筑物内走出的工人。

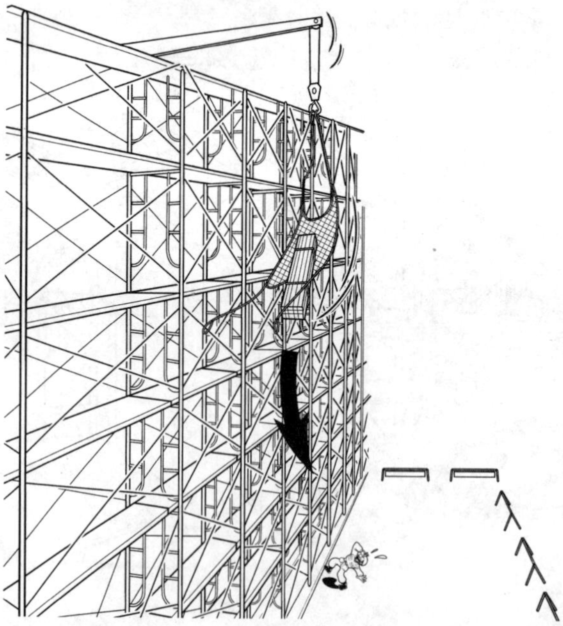

【主要原因】⑰㉓

实例 183	2	建筑机械事故	2.8	起重机、挂钩施工

◆ 爬升式起重机操作失误，吊件坠落

【事故发生简介】

为了将 86 块复合板（重 800kg）上吊至 4 层，使用爬升式起重机并采用尼龙绳进行吊挂，当上吊至 4m 高度并旋转时，由于吊件呈不稳定状态，工人欲将吊件暂时放下而向下方操纵开关时，吊件发生晃动，击中在吊件下走动的工人。

【主要原因】 ⑧ ⑬ ⑯ ⑱ ⑳ ㉑

实例 184	2	建筑机械事故	2.8	起重机、挂钩施工

◆ 从洞口处卸载物件时，物件散落

【事故发生简介】

使用移动式起重机将物资从 7 层吊至 3 层并卸载的施工作业中，由于吊挂的物资未经捆扎而发生部分散落，击中在下面准备卸载的工人。

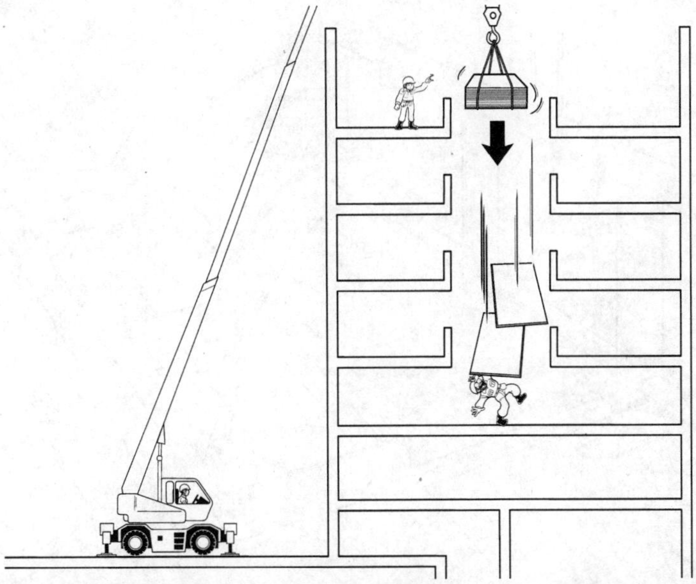

【主要原因】 ⑯ ⑱ ㉒ ㉓

实例 185	2	建筑机械事故	2.8	起重机、挂钩施工

◆ 被散落而下的吊件击中

【事故发生简介】

为了将87块用于地板材料的木板（约552kg）吊至4层平台，使用爬升式起重机吊起物件并准备旋转时，木板散落，击中在下方施工的工人。起重机驾驶员以及吊钩操作人员均无执照资格。另外，吊件下方也未设置严禁入内等防护措施。

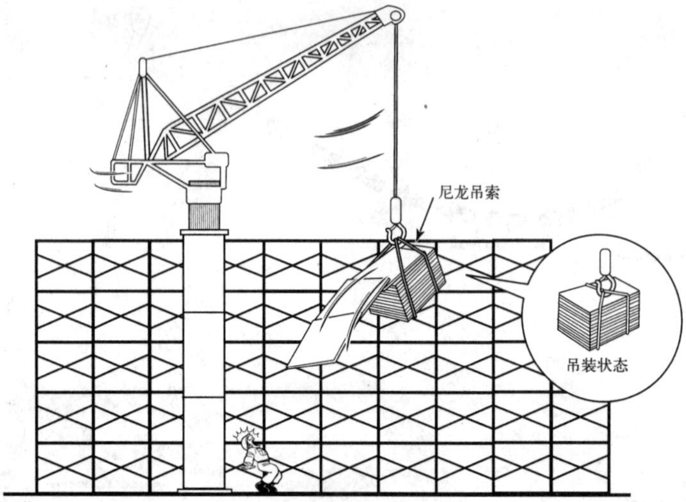

【主要原因】 ⑤ ⑬ ⑱ ㉒ ㉓

实例 186	2	建筑机械事故	2.8	起重机、挂钩施工

◆ 吊挂钢梁时，被压在翻倒的钢梁下

【事故发生简介】

使用塔式起重机吊起放置在临时堆放场的大梁，工人将吊绳挂在焊接在大梁上用于分割防火区间的铁板的角部并使之倾斜时，推倒了旁边的大梁，在大梁一侧整理螺钉的工人被压在倒塌的大梁下。

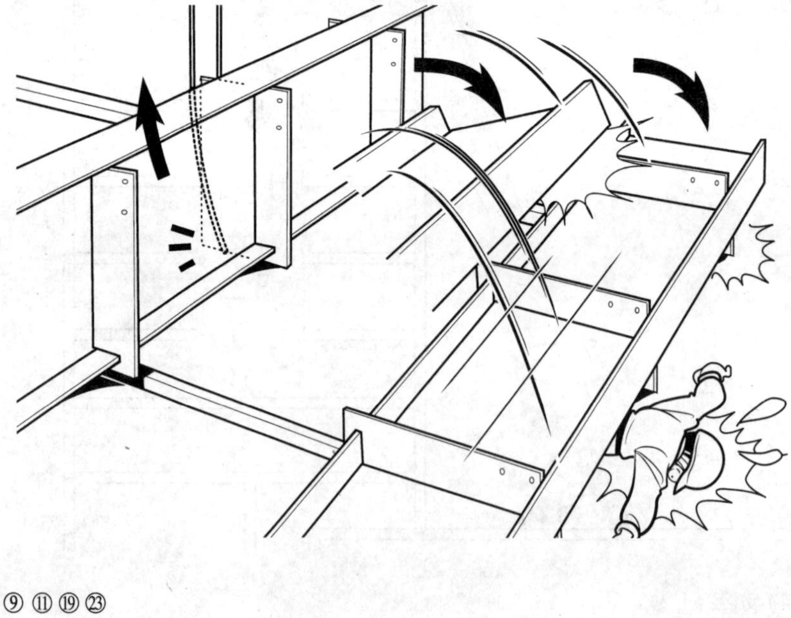

【主要原因】 ⑨ ⑪ ⑲ ㉓

实例 187	2	建筑机械事故	2.8	起重机、挂钩施工

◆ 移动吊装外墙板的吊箱时，吊件坠落

【事故发生简介】

为了将装载了2块铝合金幕墙板的吊箱从卸货场地横向移动，工人使用尼龙吊绳勾挂在吊箱的附加连接框件上，施工作业中，由于吊箱的附加连接框件发生旋转，尼龙吊绳脱落，吊箱坠落，击中在下方施工的工人（由于吊挂的墙板为转角用的墙板，宽度较大，为此在加工厂增加了外围连接框件，但没有采用焊接而仅用螺栓固定）。

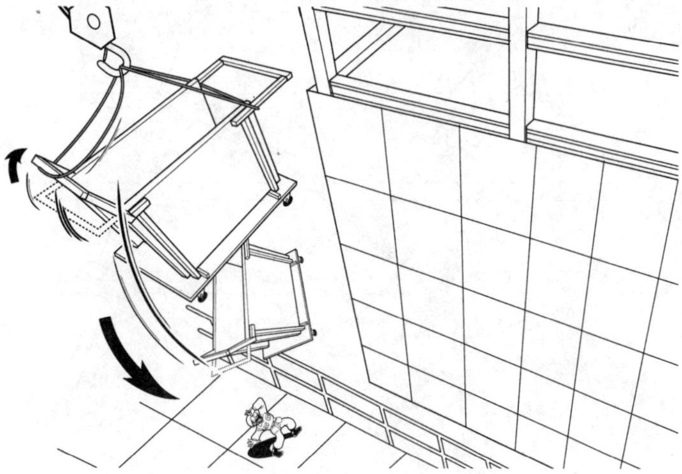

【主要原因】⑯⑱㉓

实例 188	2	建筑机械事故	2.8	起重机、挂钩施工

◆ 安装玻璃幕墙时，由于吸盘脱落，玻璃坠落

【事故发生简介】

工人试图将玻璃幕墙（厚10mm，1400mm×3150mm，重150kg）顺着脚手架移向上方，由于单侧吊绳的玻璃吸盘脱落，工人被掉落的玻璃击中。

【主要原因】⑭⑯

实例 189	2	建筑机械事故	2.8	起重机、挂钩施工

◆ 将脚手架材料吊至基础部分的施工作业中，脚手架材料坠落

【事故发生简介】

使用起重机，将30块脚手架材料卸至已浇筑完工的基础部位（深17.8m），在吊运过程中由于吊件有碰撞横梁的危险，正当手势语指挥人员发出停止的信号时，吊件从挂钩脱落，将其击中。

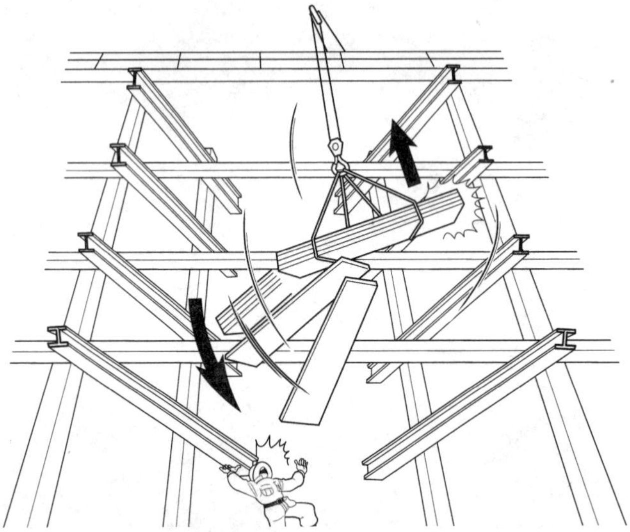

【主要原因】⑯⑳

实例 190	2	建筑机械事故	2.8	起重机、挂钩施工

◆ 拆除移动式起重机的起重臂时，被压在落下的起重臂下

【事故发生简介】

在拆除移动式起重机（吊挂荷载360t）的辅助起重臂时，工人钻到起重臂下，拔除连接第2和第3节起重臂的连接栓时，起重臂脱落，工人被压在其下。

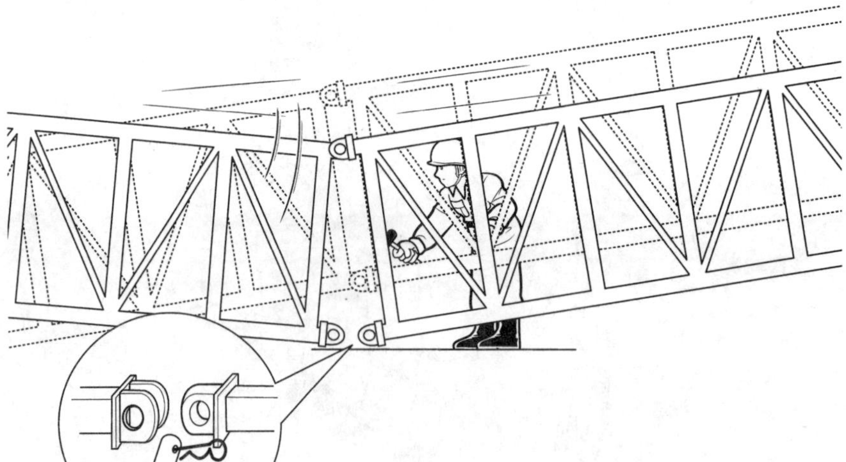

【主要原因】⑩ ⑲⑳㉑

实例 191	2	建筑机械事故	2.8	起重机、挂钩施工

◆ 用于吊挂的钢绳断裂，吊件坠落

【事故发生简介】

在吊装混凝土预制件的施工作业中，由于起重机台上有碎石以及混凝土块（长 10m，重 37t），为了重新吊挂，使用另一根钢绳（20m）临时吊挂（2 点吊挂）时，钢绳断裂，混凝土块坠落，击中位于下方的吊筐，退避到吊筐后面的受害者被夹在两个吊筐之间。

【主要原因】 ⑰ ⑲ ㉓

实例 192	2	建筑机械事故	2.8	起重机、挂钩施工

◆ 误操作塔式起重机致使吊件坠落

【事故发生简介】

使用塔式起重机将 86 块层压板（重 800kg）吊至 4 层的材料堆放地，采用尼龙吊绳作为挂钩将层压板吊至 4m 高度时，由于吊件呈不稳定状态，为了临时放下吊件而下按起重机的开关时，吊件由于晃动而散落，击中在下方行走的工人的头部（受害者完成施工后正准备走向出口。另外，受害者未戴安全帽）。

【主要原因】 ④ ⑧ ⑬ ㉓

实例 193	2	建筑机械事故	2.8	起重机、挂钩施工

◆ 吊件上升中，因夹具脱落而坠落

【事故发生简介】

使用卡车起重机（25t）将槽型钢从地下一层吊至施工作业面，当吊至距离施工作业面约 30cm 的高度时，吊挂槽型钢的夹具脱落，槽型钢砸在受害者的左脚上。

【主要原因】⑯⑲㉓

实例 194	2	建筑机械事故	2.8	起重机、挂钩施工

◆ 铺设路面板中，从洞口处坠落

【事故发生简介】

在施工区域的洞口处进行路面板铺设中，工人将路面板引导至扶手内时，由于注意力集中在吊件上，脚下踩空，从楼板端部 3.5m 的高度处坠落。

【主要原因】⑲㉓

实例 195	2	建筑机械事故	2.8	起重机、挂钩施工

◆ 手被晃动的吊件夹住

【事故发生简介】

将钢板（长 2.5m）堆积到船板上的施工中，将 2 块临时堆放的钢板背靠背一起吊起，工人将手扶在钢板上将其引导至预定位置时，吊件晃动，右手的中指被夹住。

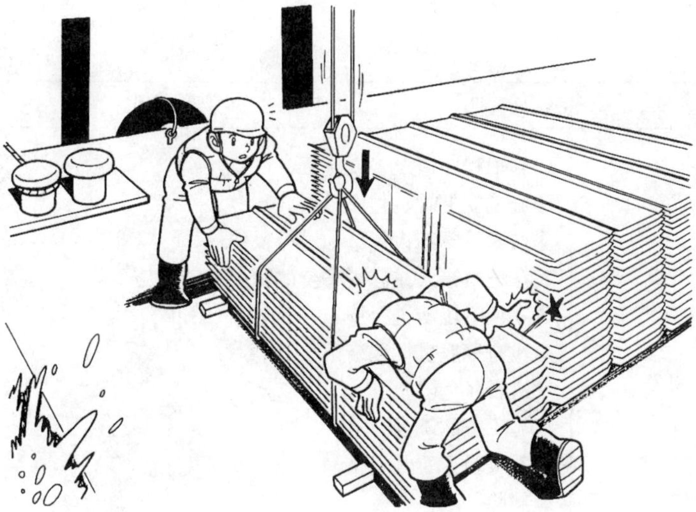

【主要原因】 ⑩ ⑱

实例 196	2	建筑机械事故	2.8	起重机、挂钩施工

◆ 手扶在吊绳上时被夹

【事故发生简介】

使用起重机将海中的混凝土砌块（25t）运至船板的施工中，工人手扶吊挂钢绳进行手势示意时，被夹在钢绳与混凝土砌块之间。

【主要原因】 ⑱ ⑲

2.9 建筑升降机、电梯等施工

2	建筑机械引起的事故	2.9	建筑升降机、电梯等施工

主要原因

类型	主要原因
撞击 夹持	①施工程序错误，或施工方法错误 ②施工变更时，程序错误 ③技术不熟练人员单独进行操作 ④在理解错误或忽视安全的情况下进行施工 ⑤在危险场所进行施工 ⑥没有彻底贯彻联络手势语 ⑦进行了危险驾驶 ⑧施工方法不当 ⑨驾驶员无驾驶资格 ⑩解除了限位开关
坠落	⑪栏杆等防止坠落设施有缺陷 ⑫未使用安全带 ⑬使用操作方法不当 ⑭没有施工操作场地 ⑮ 没有施工计划及施工程序，或无视施工程序 ⑯施工指挥人员指挥不当 ⑰联络及调整不充分 ⑱使用了危险的建筑机械设备 ⑲野蛮驾驶

主要措施

■电梯等施工

①施工前充分讨论施工程序，指定施工负责人并按照施工程序进行严格施工。

②不在电梯内单独施工。

③未安装建筑的外墙壁前，施工时必须设置栏杆等防止坠落措施。

④在电梯井内进行施工时必须系安全带。

⑤不解除限位开关。

⑥使相关人员了解有关升降机的操作注意事项，手势语及信号方法等。

⑦指定手势语指令人员并确实执行手势语。

■ 建筑升降机的安全检查要点

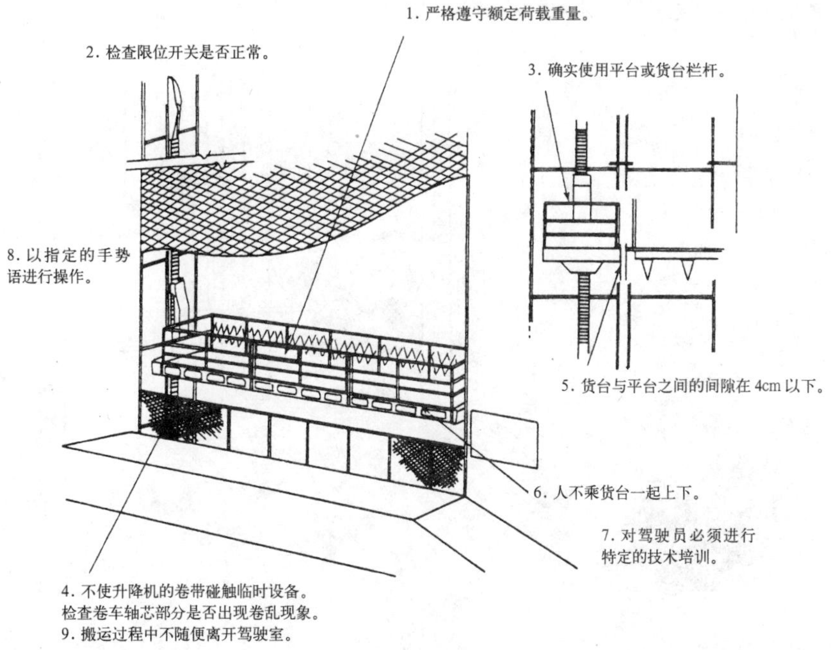

■ 施工电梯的安全检查要点

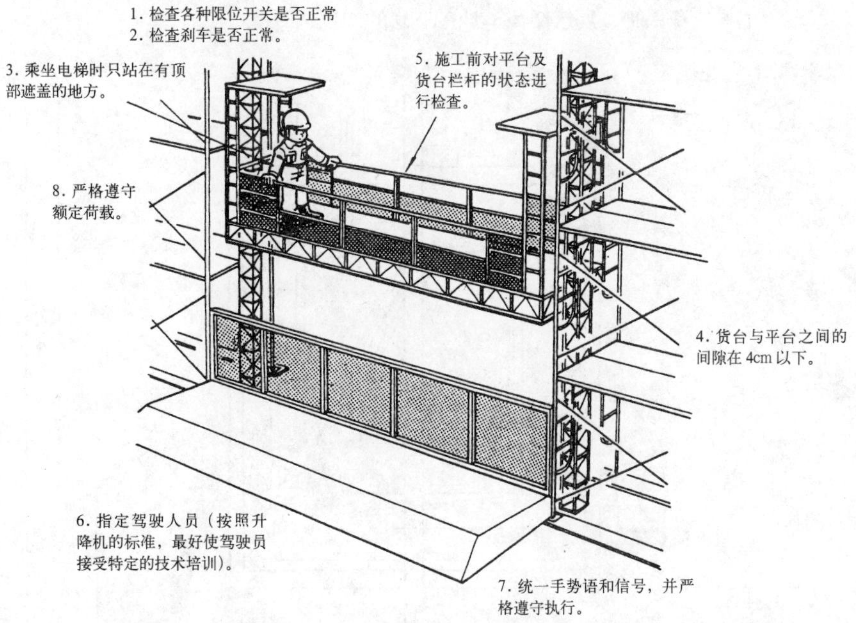

实例 197	2	建筑机械事故	2.9	建筑升降机、电梯等施工

◆ 在电梯井内安装按钮时被夹在电梯箱与 H 型钢之间

【事故发生简介】

工人站在电梯箱顶部，通过电梯箱上的操作盘操作时，脚下失足，落入电梯箱与电梯井内用于安装导轨的 H 型钢梁之间。此时，电梯箱因某种原因上升，工人被夹在电梯箱与 H 型钢之间。

【主要原因】 ①②③

实例 198	2	建筑机械事故	2.9	建筑升降机、电梯等施工

◆ 卸载用于电梯的脚手架材料时，从电梯箱的一侧坠落

【事故发生简介】

为了卸载用于电梯的脚手架材料，4 名工人将材料装入电梯箱。受害者与 1 名同事一起手持脚手架材料乘入电梯，将材料放下直起身体时，从后侧掉至地下 2 层的底坑。

【主要原因】 ①②⑨⑩

实例　199	2	建筑机械事故	2.9	建筑升降机、电梯等施工

◆ 清除托架的焊接碎屑时，头部被夹在平衡锤与楼板之间

【事故发生简介】

工人乘入电梯箱（仅有地面、顶棚和 4 根柱子）内，一边使电梯上升，一边清除平衡锤导轨支架的焊接碎屑时，头部被夹在平衡锤下部与楼板之间。

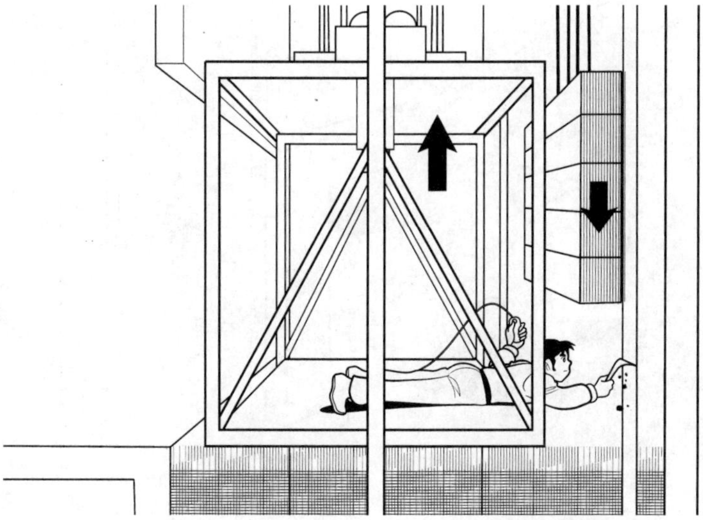

【主要原因】 ①③

实例　200	2	建筑机械事故	2.9	建筑升降机、电梯等施工

◆ 电梯没有停在预定的楼层，坠入底坑

【事故发生简介】

受害者与同事走到 1 层的电梯前，同事插入钥匙打开电梯门，受害者弯腰从同事的腋下进入电梯时，由于 1 层没有停放电梯，受害者从 15.7m 的高度坠入底坑。由于受害者身材不高，由站在一旁的同事代替打开电梯锁。

【主要原因】 ④⑦

实例 201	2	建筑机械事故	2.9	建筑升降机、电梯等施工

◆ **在小型升降机的调整作业中，头部被夹在电梯地面与电梯门之间**

【事故发生简介】

工人在 1 层对小型升降机进行调整施工，当工人弯腰试图将物件放进电梯内时，身体突然失去平衡，误按下升 2 层的按钮，由于电梯上升，头部被夹在电梯地面与电梯门之间。

【主要原因】 ③ ⑩

实例 202	2	建筑机械事故	2.9	建筑升降机、电梯等施工

◆ **在电梯上安装洞口处的保护框时坠落**

【事故发生简介】

在进行人货两用电梯 10 ~ 15 层部分的爬模法施工中，受害者与同事一起安装周围开口部的养护模板，在 12 层附近，当工人一脚踏在电梯上一脚踏在楼板上时，从大约 57m 的高度坠落至 1 层。

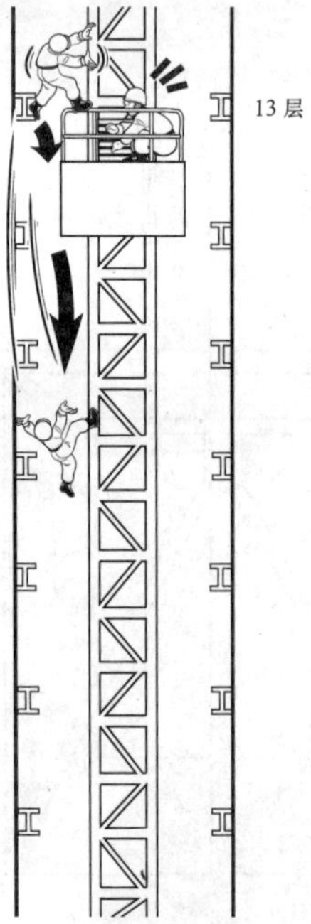

【主要原因】 ⑪ ⑫ ⑭ ⑮

实例　203	2	建筑机械事故	2.9	建筑升降机、电梯等施工

◆ **安装取货台时，从电梯井的洞口处坠落**

【事故发生简介】

安装取货台（托架宽 300mm 的脚手架材料捆扎而成）的施工中，另一个公司的员工误以为工人已经完成了使用施工电梯的操作，于是，试图使用电梯从 9 层将剩余的材料卸下。工人只好使用另一台施工电梯和楼梯上到 12 层，为了安装木桩，从电梯井的洞口处坠落至停在 1 层的电梯箱顶。

【主要原因】⑫⑮⑰

实例　204	2	建筑机械事故	2.9	建筑升降机、电梯等施工

◆ **拆除施工专用电梯门时，被下落的电梯箱夹住**

【事故发生简介】

工人与 4 名同事一起进行拆除人货两用电梯门（双门）的施工作业，在 21 层将头探出楼板伸入电梯井内进行临时电梯门的拆除施工时，没有注意到装载材料的电梯从 22 层下降，头部被夹在电梯箱与楼板的缝隙间。

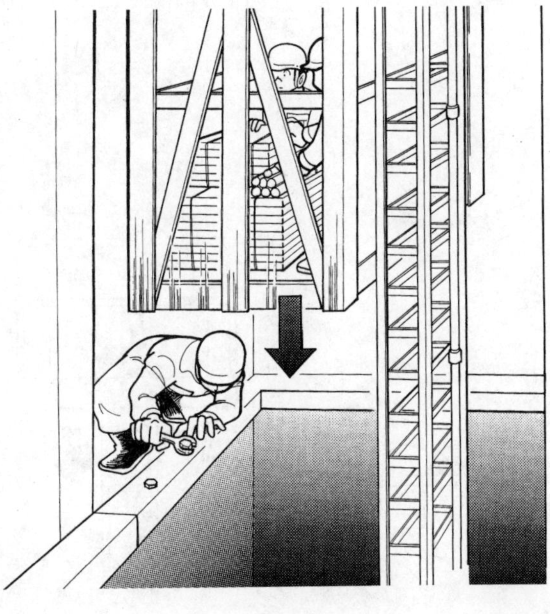

【主要原因】⑤⑥

实例　205	2	建筑机械事故	2.9	建筑升降机、电梯等施工

◆ **施工专用电梯的驾驶员将头伸出电梯时被夹在扶手与平台之间**

【事故发生简介】

驾驶员在施工用的电梯上，将按钮用扫帚固定，将货物从1层运到13层，当经过11层时，听到其他工人的招呼将头伸出电梯外，头部被夹在电梯扶手与13层阳台地板之间。

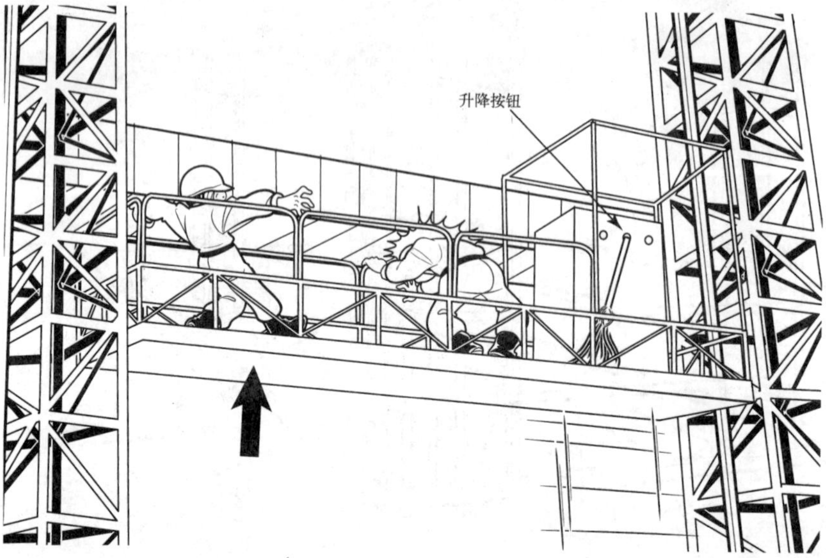

【主要原因】⑥⑦

实例　206	2	建筑机械事故	2.9	建筑升降机、电梯等施工

◆ **填塞电梯站台的缝隙时，被下行的电梯碰撞，面部撞在电梯站台上**

【事故发生简介】

在7层施工专用电梯站台上，工人分成2组，一组工人（3人）负责铺设垂直网，另一组工人（2人）进行电梯站台缝隙的调整。电梯下降时相互打招呼进行了提醒，但为时过晚，电梯撞上工人的安全帽，工人的面部被撞在电梯站台的脚手板上。

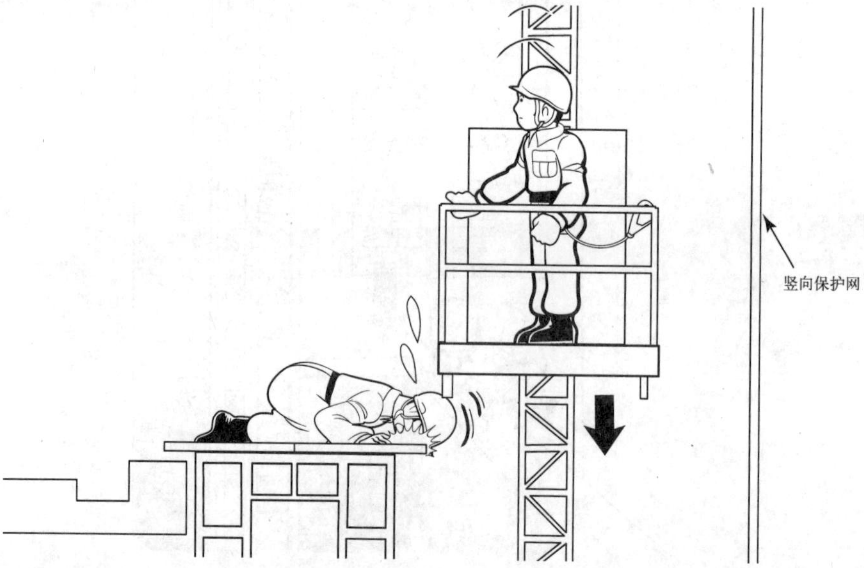

【主要原因】⑤⑥⑮

3. 倒塌、塌方事故

3.1 挖掘、挡土墙施工

3	倒塌、塌方事故	3.1	挖掘、挡土墙施工

主要原因

①没有指定进行山地挖掘及挡土墙施工主管
②没有采用安全的山地坡度，或没有设置挡土墙等防治坍塌的安全措施（或挡土墙的支架强度不够）
③在设置挡土墙支架前进入危险的挖掘场所
④制定施工计划前没有对挖掘地点进行充分的调查
⑤没有采取支撑等加固方法进行安全防护
⑥没有制定正确的施工计划或安装组建图
⑦现场负责人，施工负责人指挥不当
⑧没有对山地进行充分的检查
⑨将挖掘出的沙土临时放在坡顶附近

■ **挡土墙支架施工的安全检查要点**

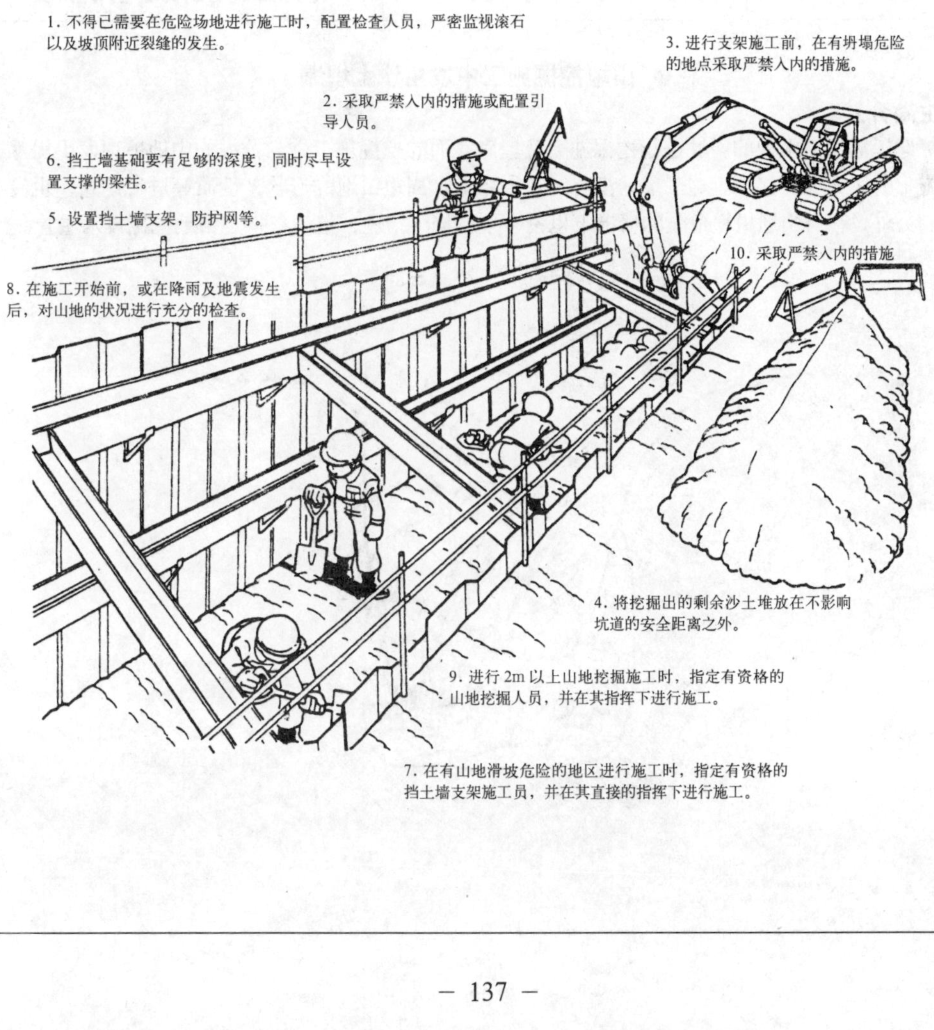

实例 207	3	倒塌、塌方事故	3.1	挖掘、挡土墙施工

◆ 挖掘槽坍塌

【事故发生简介】

防水槽的建设施工中，使用挖掘机完成挖掘后（深 4m，宽 3m），工人进入挖掘槽中进行手工挖掘时，被突然坍塌的沙土埋在其下。当时，仅采用了简单的挡土防护板。

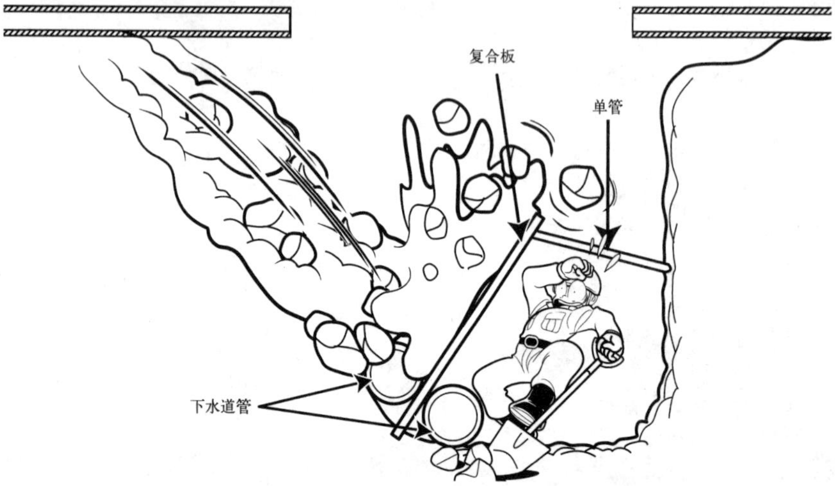

【主要原因】 ①②⑥

实例 208	3	倒塌、塌方事故	3.1	挖掘、挡土墙施工

◆ 山地挖掘施工中发生沙土坍塌

【事故发生简介】

为了扩建道路，沿山地的斜坡进行挖掘施工及坡底底面的挖掘施工中，挖掘的山地坡顶发生坍塌，将在道路进行施工的工人埋在其下。施工前，没有对挖掘场地，周边山地的形状，性质等进行调查，也没有设置安全坡度。另外，在有山地坍塌危险的情况下也没有采取挡土措施，也没有指定山地挖掘技术主管。

【主要原因】 ①②④⑥

实例　209	3	倒塌、塌方事故	3.1	挖掘、挡土墙施工

◆ 下水道施工中发生沙土坍塌

【事故发生简介】

铺设排水管道的施工作业中，工人在开挖的底部（宽 1.2m × 深 1.94m）进行沙土整形，由于需要撤走落石而尚未设置挡土墙支架的地方发生沙土坍塌（宽 0.5m × 高 1.94m × 长 1.7m），工人被埋在沙土下。

【主要原因】 ②③

实例　210	3	倒塌、塌方事故	3.1	挖掘、挡土墙施工

◆ 给排水管施工的挖掘槽内发生沙土坍塌

【事故发生简介】

给排水管的施工作业中，使用挖掘机完成挖掘后（深 2m），工人进入挖掘槽内开始进行手工挖掘时，沙土坍塌，工人被埋在其下。当时，没有指定山地挖掘施工技术主管，也没有设置挡土墙支架。

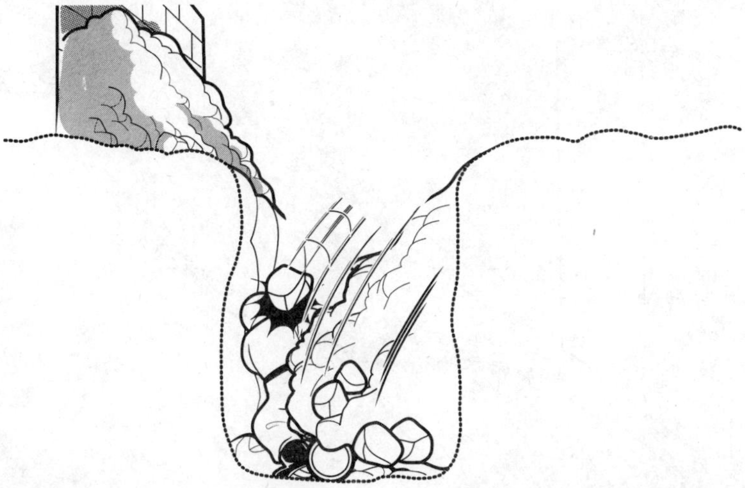

【主要原因】 ①②⑥

实例 211	3	倒塌、塌方事故	3.1	挖掘、挡土墙施工

◆ 现有的侧墙倒塌

【事故发生简介】

为了扩建道路，需要拆除现有水道，当工人对新建水道的混凝土侧墙进行修补时，现有的侧墙和护墙突然倒塌，将工人压在其下。

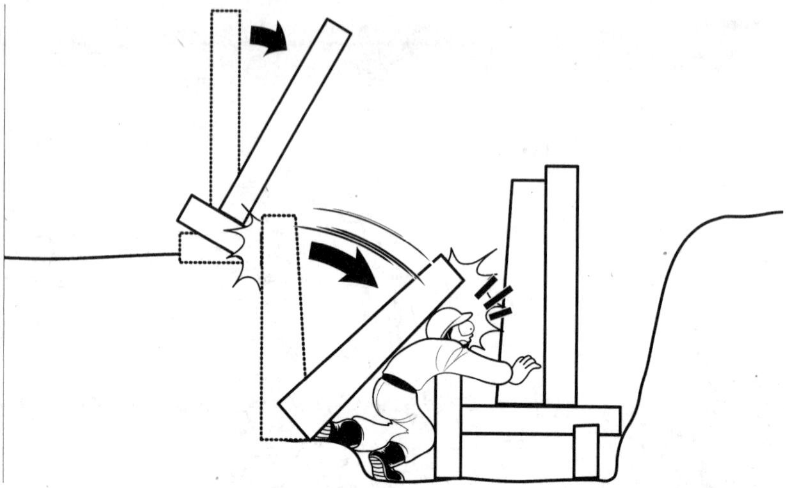

【主要原因】 ②④⑤

实例 212	3	倒塌、塌方事故	3.1	挖掘、挡土墙施工

◆ 空心砖墙倒塌

【事故发生简介】

在空心砖墙的附近，工人为了铺设 U 形槽而挖掘侧墙时，空心墙倒塌，工人被压在其下。当时，尽管空心墙的基础已经暴露在外，但没有采取任何倒塌防止措施。

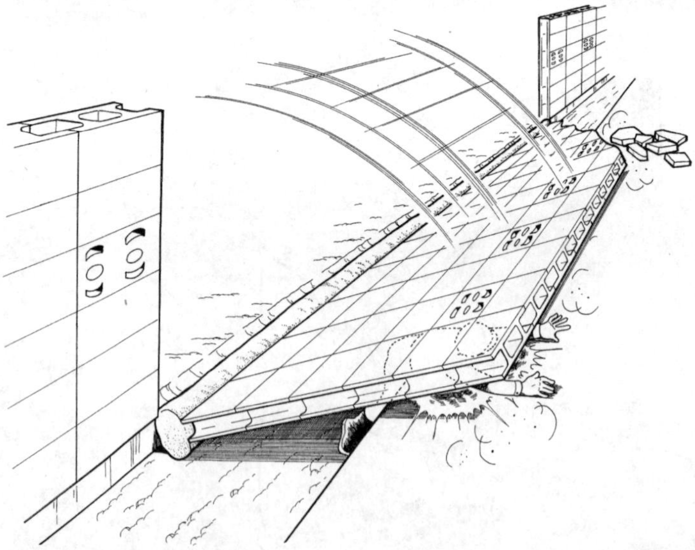

【主要原因】 ②④⑤

3	倒塌、塌方事故	3.2	模板支架施工

主要原因

①没有按照施工图对模板支架进行水平连接，对连接点没有进行正确的安装（没有进行充分的检查）。
②没有绘制安装图。
③没有指定或配置施工技术主管。
④尽管配置了施工技术主管，但没有充分发挥其职能。
⑤在模板支架完工前临时放置了重物（对强度研究不充分）。
⑥模板及钢筋施工之间的联络调整不充分。

■ 模板支架施工的安全检查要点

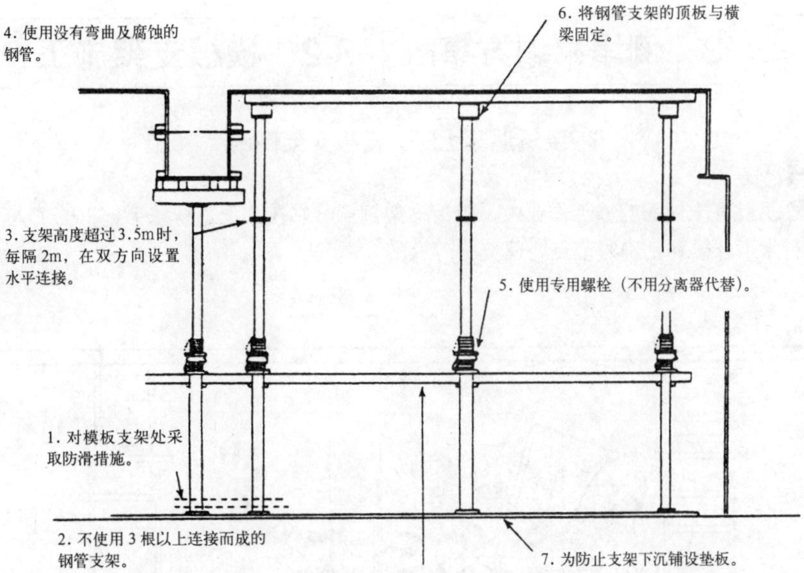

8. 针对施工方法及程序等制订施工计划并严格遵守执行。
9. 指定模板支架施工技术主管（技术研修结业人员）对模板支架进行安装拆卸，并在其指挥下进行施工。

<梁板部件>

- 在梁板上不堆放超过额定荷载的物件（不产生集中荷载）。
- 严格按照施工图对梁板进行布局。
- 按照规定的数量完成梁下支架的设置后再进行梁板的安装。
- 将梁板搭载在墙梁上时，需要对墙梁进行加固。
- 在梁板上行走时，通过铺设脚手板等设置施工作业面。
- 对梁板的端部进行固定。

实例　213	3	倒塌、塌方事故	3.2	模板支架施工

◆ 浇筑混凝土楼板时，楼板坠落

【事故发生简介】

将兼用作楼板及模板的双用楼板临时架设在钢梁上，浇筑混凝土时，楼板脱落，站在其上的工人随之坠落。

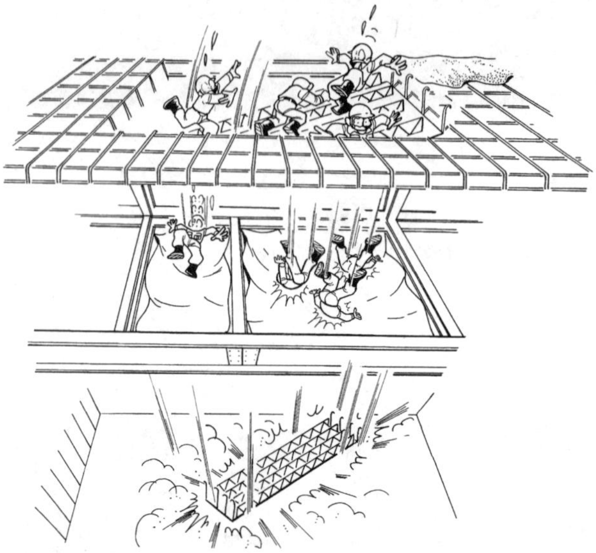

【主要原因】 ①⑤

实例　214	3	倒塌、塌方事故	3.2	模板支架施工

◆ 浇筑混凝土时，模板支架倒塌

【事故发生简介】

在浇筑地下2层混凝土地面的施工作业中，模板支架倒塌，站在其上进行抹平施工的工人坠落。模板支架没有正确的进行水平连接和正确的节点处理。

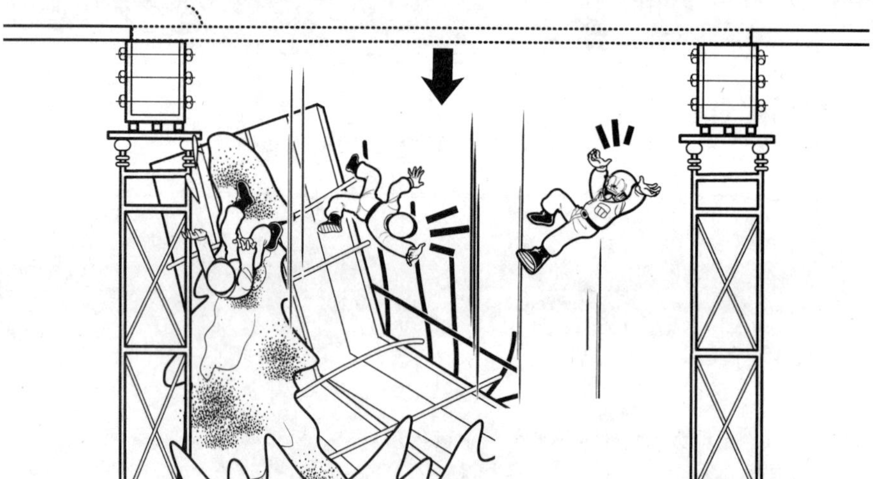

【主要原因】 ①④

实例 215	3	倒塌、塌方事故	3.2	模板支架施工

◆ 临时堆放钢筋的木板支架倒塌

【事故发生简介】

在施工工地搭建 2 层地面的模板支架梁时，工人使用塔式起重机吊起约重 10t 的钢筋，将其临时堆放在模板上时，模板支架倒塌，钢筋坠落至 1 层。没有设置图纸设计的钢管支撑的底部连接，水平连接也不充分，也没有设置斜向支撑。

【主要原因】 ①④⑤⑥

实例 216	3	倒塌、塌方事故	3.2	模板支架施工

◆ 吊装钢筋时，楼板因钢筋过重而坍塌，坠落

【事故发生简介】

工人使用 20t 起重机将重约 10t 的钢筋吊至 2 层楼板的模板上时，楼板突然坍塌，工人随钢筋一起从 3.9m 高处坠落。

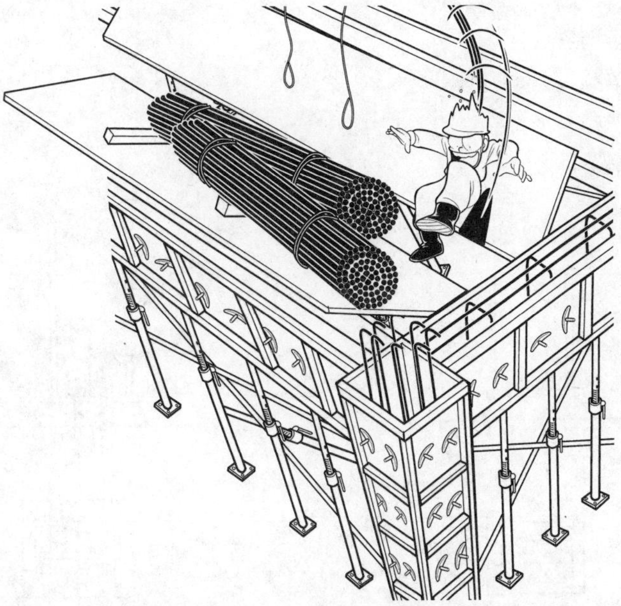

【主要原因】 ①⑤⑥

3.3 钢框架搭建施工

主要原因

①防止钢架倒塌的措施不完善。
②固定螺栓的数量不足，或安装方法不佳。
③没有制定施工计划或计划不充分。
④没有配置施工技术主管或施工指挥人员（或相关人员没有尽职）。

钢架倒塌的危险因素

工程	搭建施工中	校正，临时固定	正式固定
外力	○风力 ○自重 ○临时搭建物的荷载	○风力 ○临时搭建物的荷载	○风力 ○临时搭建物的荷载
缺陷类型	X 固定螺栓有损 X 搭建程序不佳 X 临时固定螺栓不充分	X 临时固定螺栓不充分 X 斜向加固剪刀撑不充分	X 没有稳定性 X 对临时搭建物体的加固不充分

主要解决办法

①制定施工计划和施工程序，通告所有施工相关人员并彻底贯彻执行。
②制定施工计划时，对包括固定螺栓的数量，尺寸以及斜向加固钢索等在内的部件进行稳定性计算，确认其安全性。
③在四角设置斜向加固钢索，彻底采取倒塌防止措施。
④当能够进行梁的安装时，应立刻实施安装。
⑤对各个节点尽可能进行调整。
⑥采用电动绞车进行安装时，不进行野蛮操作。
⑦大风时要停止施工作业。

■几种固定螺栓不稳定的情形

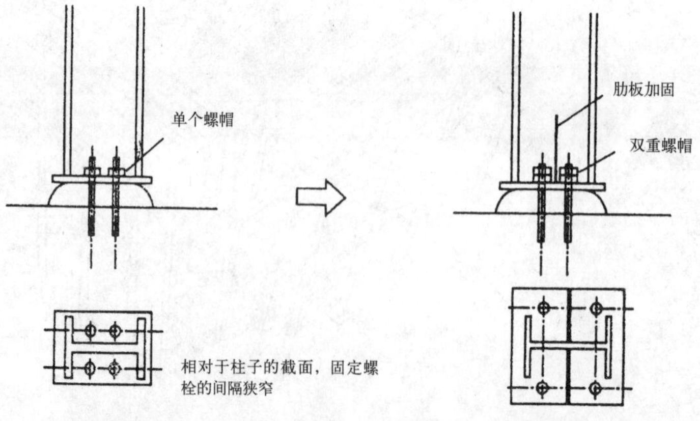

〈不稳定的例子〉　〈稳定的例子〉

实例 217	3	倒塌、塌方事故	3.3	钢框架搭建施工

◆ 搭建钢框架的施工中，工人由于柱子倾斜而跳下

【事故发生简介】

搭建钢框架施工中，工人将立柱竖起后顺着立柱的攀手向上攀登时，由于立柱开始倾斜，工人从立柱上跳下。

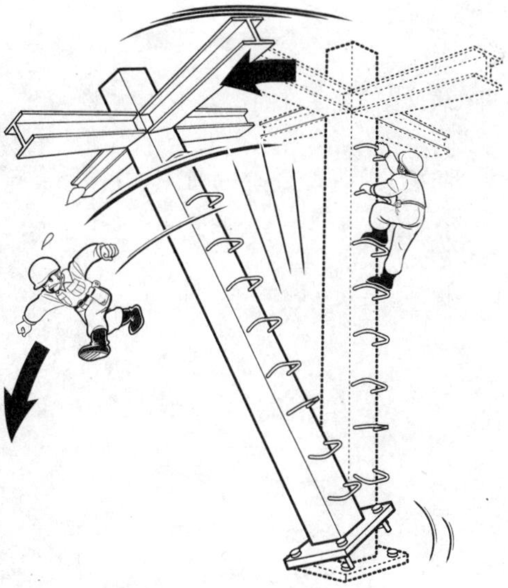

【主要原因】①②

实例 218	3	倒塌、塌方事故	3.3	钢框架搭建施工

◆ 钢框架搭建施工中，框架倒塌，工人与梁一起坠落

【事故发生简介】

钢框架搭建施工中，工人为了放置横梁而松动柱子的 4 个固定螺栓，当拉动校正钢绳时，钢架倒塌，钢架上施工的工人与梁一起坠落。

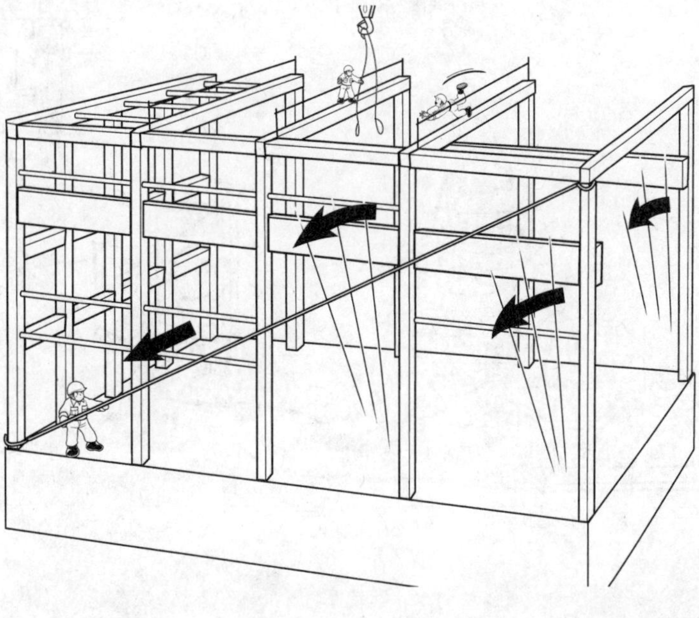

【主要原因】①③⑤

4. 触电事故

4.1 焊接施工、电动工具施工

4	触电事故	4.1	焊接施工、电动工具施工

主要原因

①移动或走动时没有拆除焊接棒（违反安全施工准则）。
②接地方法错误。
③没有使用皮手套、绝缘鞋等安全防护工具（或安全防护工具有损）。
④汗水湿透衣服。
⑤施工程序错误。
⑥在有雨水或雾气的潮湿地点进行焊接。
⑦电动工具保养不良。
⑧没有使用配电盘。
⑨施工人员没有相应的资格执照。
⑩电线保护套管破损。

主要解决办法

■ 电弧焊接、电弧切割的安全检查要点

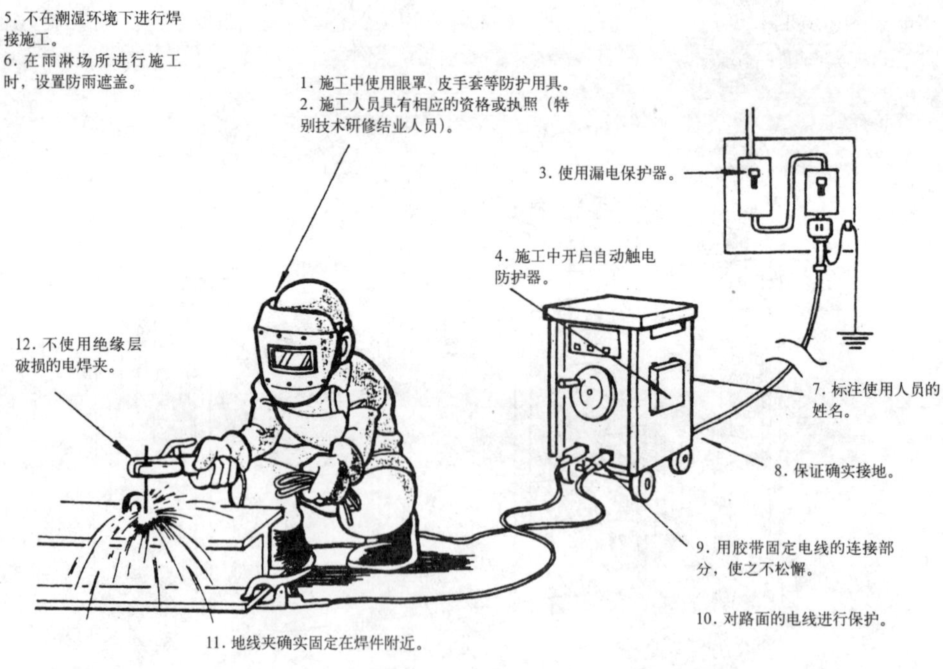

■ 配电盘的安全检查要点

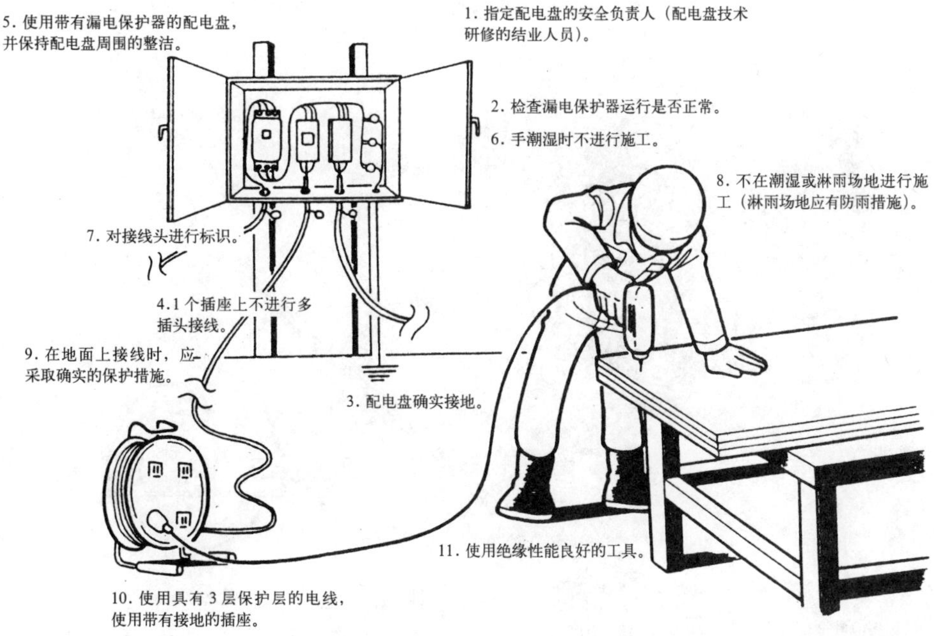

■ 临时照明的安全检查要点

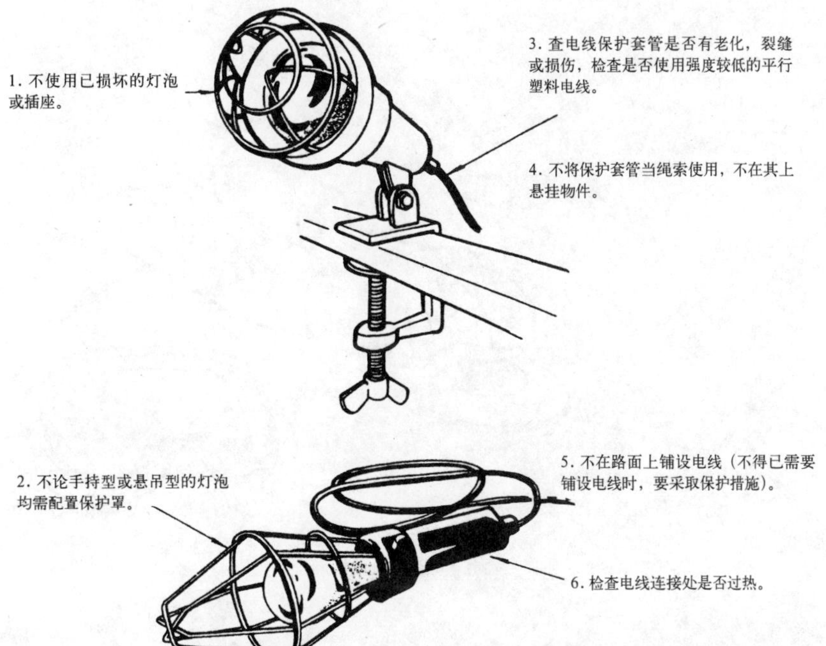

■ 电动圆锯的安全检查要点

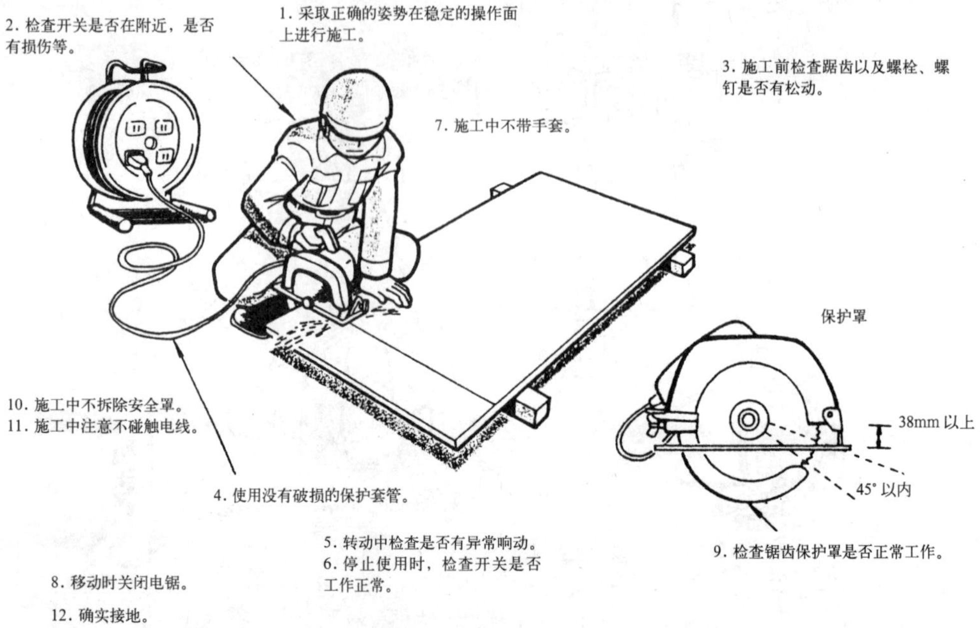

■ 电动磨床施工的安全检查要点

1. 不将高速切割机所使用的砂轮用于电动磨床。
2. 施工前对以下内容进行确认：
   - 确认砂轮是否存在裂缝或损伤
   - 是否有安全罩
3. 磨石的更换以及预转必须由接受过特殊技术培训的人员进行。
4. 施工中不拆除安全罩。
5. 施工中使用防尘眼镜以及防尘口罩。

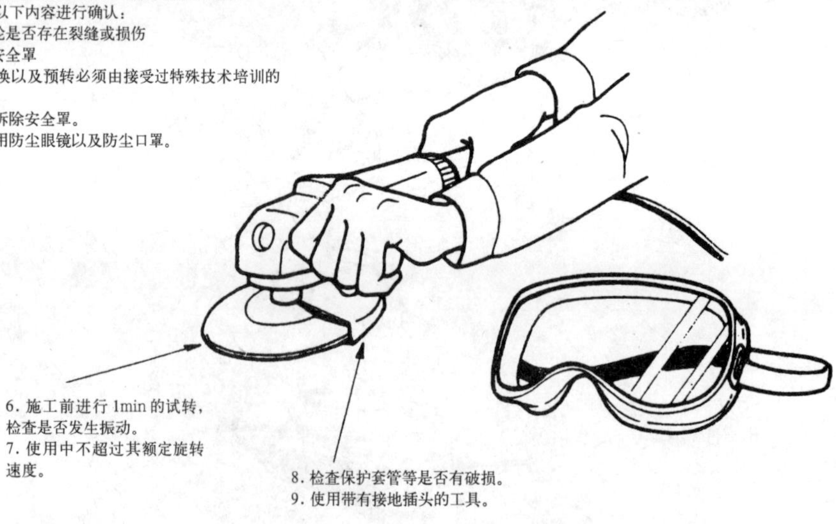

实例　219	4	触电事故	4.1	焊接施工、电动工具施工

◆ **移动时碰到放在脚手架上的支架焊接棒而触电**

【事故发生简介】

铺面板下在进行二次挖掘的施工中，焊接工为了在山坡挡土墙（H 工字钢）上焊接模板而移动，当使用梯子登上脚手架时，下巴碰到放在脚手架上的电焊棒而触电（当时，工人使用绝缘手套和绝缘鞋）。

【主要原因】 ①

实例　220	4	触电事故	4.1	焊接施工、电动工具施工

◆ **模板角钢的焊接施工中，同伴的工人触电**

【事故发生简介】

工人协助电焊工进行焊接施工的作业中，当工人用手扶着正在进行焊接的模板角钢时触电。估计是背部碰触次梁钢筋时触电（远离现场的主梁接地，但次梁未接地）。

【主要原因】 ②③④

实例 221	4	触电事故	4.1	焊接施工、电动工具施工

◆ **在移动走道的钢框架内进行焊接时，衣服碰触焊接棒而触电**

【事故发生简介】

工人钻进移动走道（将人移送至坡道上部的简易走道）的钢框架内，对用于固定轨道的铁块进行焊接时，衣服意外的碰到焊接棒而触电。

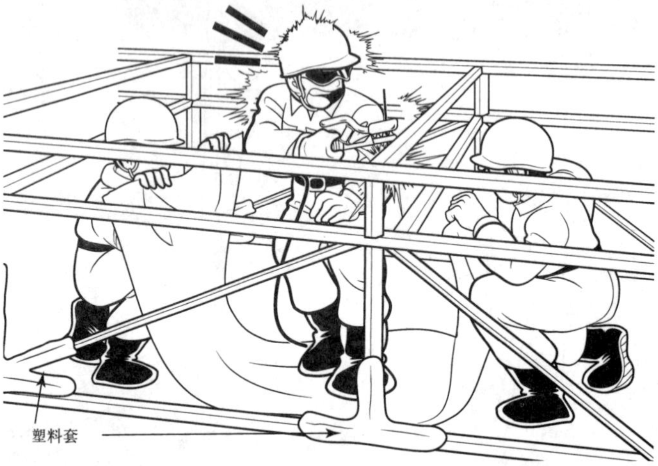

【主要原因】 ④⑤

实例 222	4	触电事故	4.1	焊接施工、电动工具施工

◆ **坑道钢框架的焊接施工中触电**

【事故发生简介】

工人在钢筋加工厂，对坑道钢框架的主钢筋和加固钢筋进行焊接施工，当站在主筋和腹筋上时意外碰到钢筋框而触电。

【主要原因】 ④⑤

实例　223	4	触电事故	4.1	焊接施工、电动工具施工

◆ **电弧焊接中触电**

【事故发生简介】

对挡土墙钢框架的钢桩（100mm×100mmH 型钢，长 1.6m）进行电弧焊接的施工中，当工人将焊接棒接触钢桩时，在一旁扶着钢桩的工人触电。触电的工人当时身着短袖汗衫、长裤、橡胶长筒靴、橡胶手套以及安全帽。但橡胶手套局部有破损。

【主要原因】②③

实例　224	4	触电事故	4.1	焊接施工、电动工具施工

◆ **电弧焊接施工中接触把手的充电部分而触电**

【事故发生简介】

工人在建筑工地的地下 3 层进行电弧焊接施工，由于身体失去平衡，碰到放在钢架底部的焊接棒而触电。作业在施工场地狭小，地面积满雨水的地方进行。

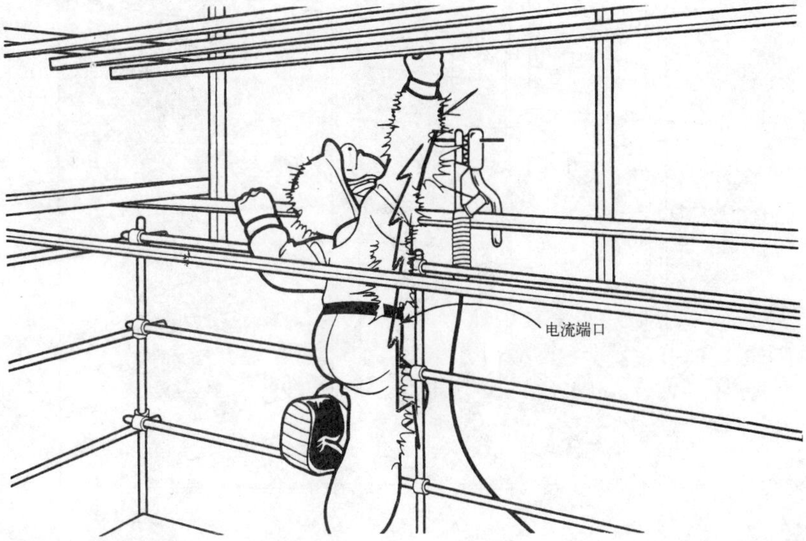

【主要原因】①④⑥

实例　225	4	触电事故	4.1	焊接施工、电动工具施工

◆ 由于电钻漏电而触电

【事故发生简介】

在外部铺设供水管道的施工作业中，工人为了在侧沟处开口而将电钻搬到使用场地，当施工技术主管接通电源时触电（直接将电钻的电线插头接通主电源）。

【主要原因】 ④⑨

实例　226	4	触电事故	4.1	焊接施工、电动工具施工

◆ 因套管电缆破损而触电

【事故发生简介】

浑身是汗的工人碰到立在侧墙的照明器而跌倒时，碰到照明器套管电缆上微小的破损处，接触配电盘的漏电断路器无法感知的微弱电流而触电。

【主要原因】 ④⑩

4.2 火线施工、停电施工

主要原因

①没有使用绝缘保护用具。
②无资格或无执照人员进行火线操作（未接受电工特别技术培训）。
③没有对电路进行检查。
④误以为尚未通电。
⑤施工中没有采取安全保护措施。
⑥没有采取严禁入内或绝缘保护措施。
⑦将通电电路与停电电路搞混。

主要解决办法

■ 火线及停电施工

①火线及停电施工必须由有操作资格的人员进行。同时，施工中指定施工负责人并在其指挥下进行施工作业。
②进行火线施工时，在电路上使用绝缘防护用具。
③制定施工计划和施工程序，并使所有相关人员严格遵守执行。
④进行停电施工前也必须对电路进行检查。
⑤更换电线时必须切断电源后进行。
⑥施工中锁定开关器或张贴禁止通电的注意事项并严格遵守实施。
⑦设置严禁入内标识、危险标识，设置栏杆、护墙等安全设施。
⑧对接近通电处进行绝缘防护。
⑨对电路进行通电时，对施工人员进行安全确认，拆除短路器后进行通电。

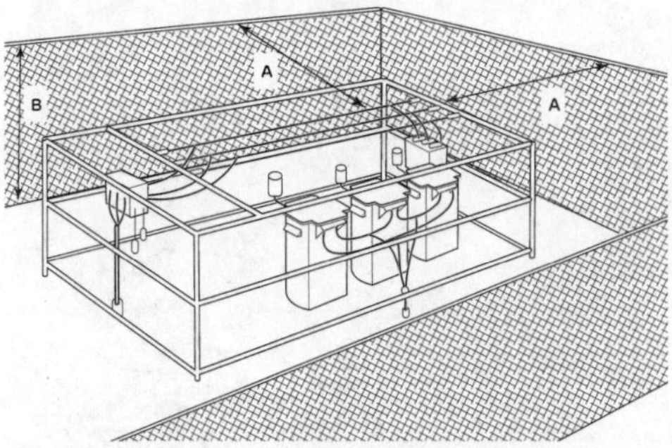

A+B=5m 以上

• 选定适当的设置场所

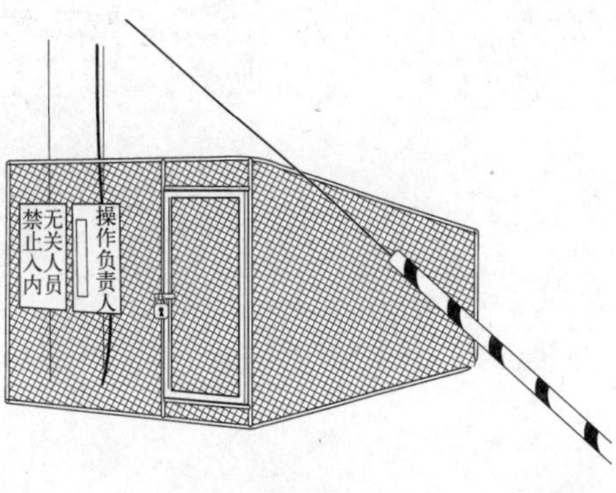

• 采取危险标识等措施

主要解决办法

■接近高压火线的施工

①张贴“高压危险”，“用水危险”等标识。
②对出入口，高压配电箱等上锁。
③配置灭火器。
④室内变电站与其他部分完全隔离，并确保安全通道的畅通。
⑤在高压线附近进行施工作业时，对高压线采取保护措施。
⑥在高压线附近进行施工作业时，根据需要使用绝缘用具。
⑦对埋设电缆进行标注。

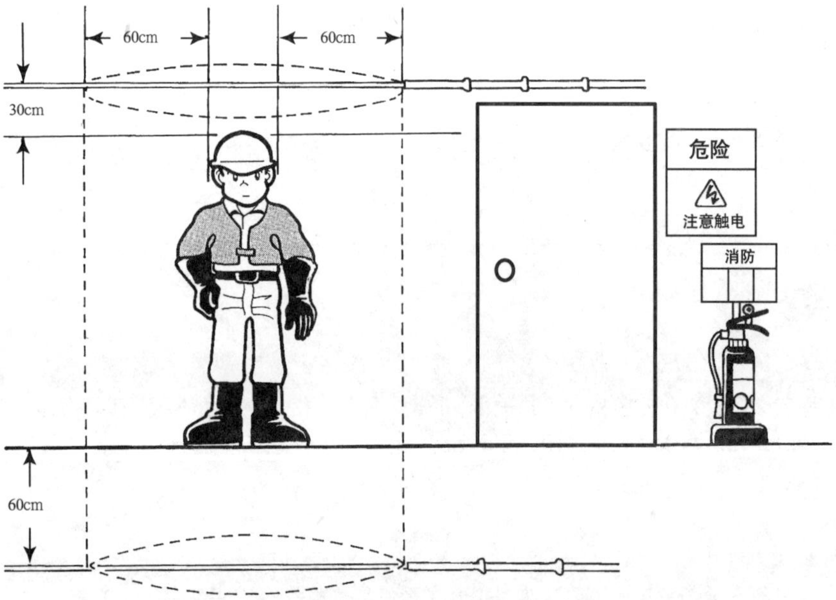

实例　227	4	触电事故	4.2	火线施工、停电施工

◆ 在顶棚内侧对电子显示板进行火线布线施工中触电

【事故发生简介】

安装完室内电子显示板后，工人在 2 层楼梯间的顶棚内侧进行布线施工，由于在火线状态下进行接线施工而触电。

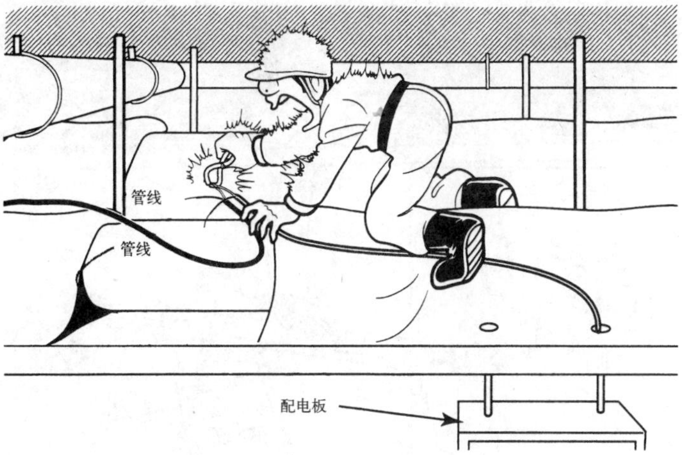

【主要原因】 ①②

实例　228	4	触电事故	4.2	火线施工、停电施工

◆ 对现有建筑进行改装的施工中，在顶棚内侧布线时触电

【事故发生简介】

对现有建筑进行改装的施工中，工人在顶棚内对插座（已布线完毕）进行连线施工，当剥开电缆的覆膜进行连线时，右手拿的夹钳碰到裸露的电线，左手碰到轻钢龙骨而触电（电压 100V）（原因可能是工人误以为电缆没有通电所致）。

【主要原因】 ①③④

实例 229	4	触电事故	4.2	火线施工、停电施工

◆ **在 2 处对电气设备进行修改时，误启动断路器而触电**

【事故发生简介】

对现有建筑进行改装的施工中，使全部建筑停电，工人在 1 层厨房同时进行为增加电容的配电箱改造和分线箱内干线的分支接线施工，由于配电箱的改造施工先行完成，误将厨房断路器连同其他开关一起通电，进行分电箱改造的工人触电。

【主要原因】 ②③④

实例 230	4	触电事故	4.2	火线施工、停电施工

◆ **在现有变电站安装量电计时，碰到高压充电部分而触电**

【事故发生简介】

工人在现有的变电站，为了对新建的立体停车场增设量电计，在进行局部停电的施工中触电（推测受害者误将“充电路”和“停电路”搞混所至）。

【主要原因】 ②③

实例 231	4	触电事故	4.2	火线施工、停电施工

◆ 在拆除配电箱的施工中触电

【事故发生简介】

拆除配电盘的施工中，工人试图用绝缘布覆盖邻接电缆接线盘内裸露的高压火线（6600V 交流电）时，手碰到电线而触电。受害者当时使用了皮手套。

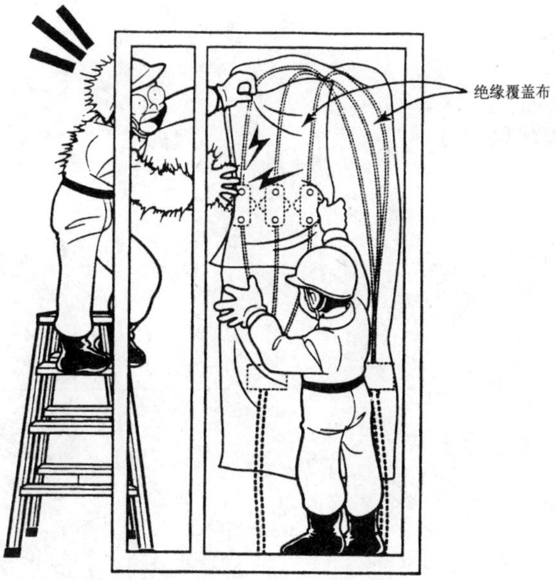

【主要原因】 ①

实例 232	4	触电事故	4.2	火线施工、停电施工

◆ 拆除临时电线，对切断处进行绝缘处理时触电

【事故发生简介】

拆除施工现场内的临时电线时，工人使用铝制梯子爬上进线电线杆，割断一侧的电线后对电线末端进行处理时，误碰到裸露的电线而触电（当时没有使用绝缘保护用具）。

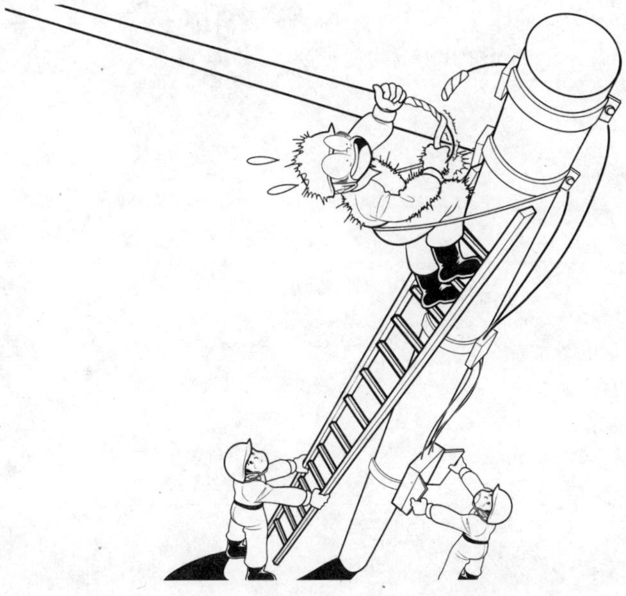

【主要原因】 ①

4	触电事故	4.3	移动式起重机施工

主要原因

①过于接近高压线引起放电而触电。
②施工前没有针对距高压线的安全距离，进线保护措施，检查人员的配置等进行研究。

■接近高架电线施工中的安全检查要点

1. 施工前进行调查，与供电公司就安全策略等进行研究
2. 掌握电压，位置以及距离等条件，危险地点应设标识
3. 设置防止触电的栏杆
4. 与供电公司协商，安装绝缘保护套管等（高压）
5. 要求供电公司进行现场指导，就保护方法进行宣讲，并对保护措施进行标识（特别高压）

6. 配置监督人员，施工时严格确保安全距离

在输电线附近使用移动式起重机时，机体以及吊绳等与电线充电部分的间隔距离如右表所示（日本厚生劳动部 1975 年 12 月 17 日第 759 文件）另外，当使用方规定的间隔距离大于厚生劳动部的规定时，以此表为准。	电压（V）	劳动部规定的间隔距离（m）	T 供电公司规定的间隔距离（m）
	100 及 200	1.00	2.0
	6000	1.20	2.0
	22000	2.00	3.0
	66000	2.20	4.0
	154000	4.0	5.0
	275000	6.40	7.0
	500000	10.80	11.0

实例 233	4	触电事故	4.3	移动式起重机施工

◆ 在特别高压输电线的附近使用移动式起重机时触电

【事故发生简介】

工人使用小型移动式起重机卸载钢筋（重约 300kg）时，吊杆过于靠近上方的 6600V 特别高压输送电线（约 90cm）而触电。

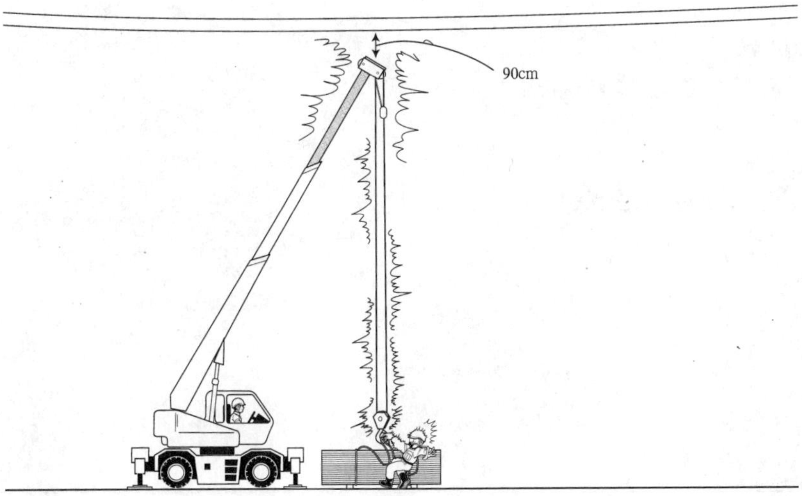

【主要原因】 ①②

实例 234	4	触电事故	4.3	移动式起重机施工

◆ 使用起重机浇筑混凝土时碰到高压线而触电

【事故发生简介】

在施工中，工人使用移动式起重机（吊挂重量 4.9t）进行基础混凝土的浇筑作业，由于移动式起重机操作失误，吊杆碰到高压线（6600V），支撑铁制漏斗的工人触电。

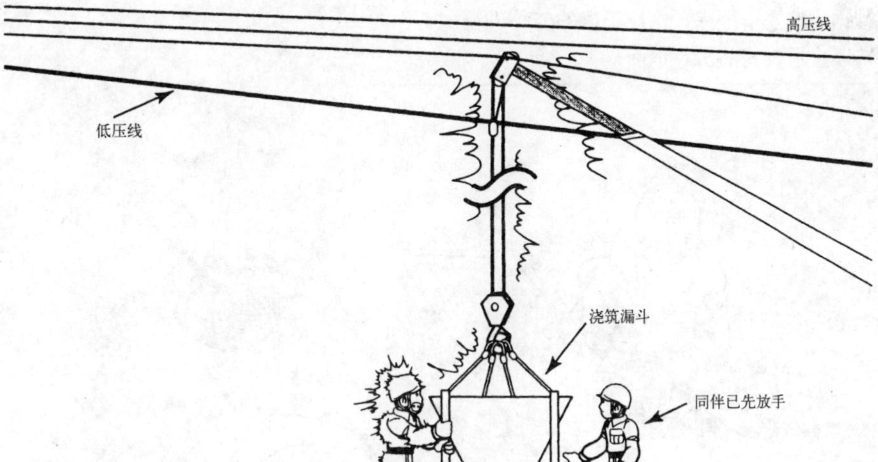

【主要原因】 ①②

5. 电动工具引发的事故

5 电动工具引发的事故

主要原因

①使用手套进行操作。
②在不稳定的场所，以不稳定的姿势进行施工。
③安全防护设施损坏。
④没有启动安全设备。
⑤未使用防护眼镜，皮手套等安全保护用具。
⑥没穿绝缘鞋。
⑦没有关闭开关。
⑧操作方法不当。

主要解决办法

■ 手携电锯操作

①由于存在被卷入机器的危险，不要使用手套。
②施工前对反弹预防设备等的咬齿以及电缆线等进行检查。
③在稳定的操作台上进行物件的切割作业，保持正确的姿势不碰到锯齿。
④使用中不拆除安全防护。
⑤使用时不将安全防护的移动部分固定。

• 以正确的姿势在稳定的操作台上进行切割作业
①在平地上设置枕木，将加工材料置于其上并用手按住
②在不碰触锯齿的安全地点，保持正确的姿势进行施工作业
③锯齿旋转停止后再将其放在地面

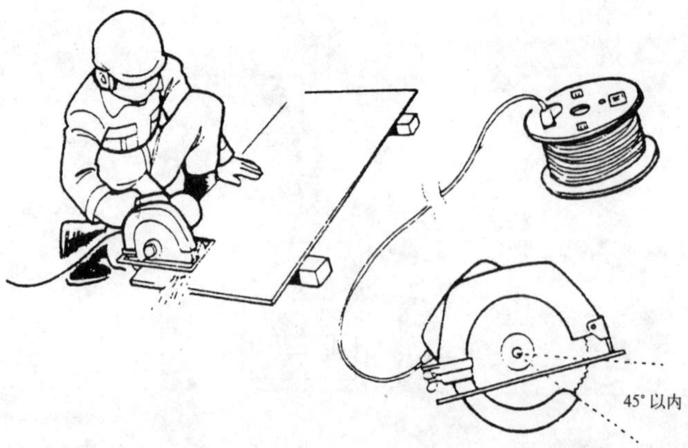

5 电动工具引发的事故

主要解决办法

■ 电钻操作

①两手紧握电钻，将钻头轻轻按准开孔处。
②在垂直面开孔时，事先确认背面是否有人。
③钻头旋转时，手绝对不碰打孔处。
④中途停止开孔作业，要等到钻头完全停止时再进行移动。
⑤作业完成后，拔掉电源。

■电动磨刀操作

①使用适于施工的磨石（绝不将高速切割用的磨石用在电动磨刀上）。
②磨石的更换以及电动磨刀的试转需由具有特别资格的人员完成。
③施工中不拆除安全防护。
④使用防尘眼镜及防尘口罩。
⑤确认电钻与磨石的旋转次数相一致。

■所需资格

磨石的更换、试转——特别技术研修结业人员

实例 235	5	电动工具引发的事故

◆ 使用电锯切割塑料材料时，电锯弹出

【事故发生简介】

工人在斜坡（倾斜度 8%）上，使用电锯切割塑料防护栏时，操作中的电锯弹出，将工人的右大腿切断。

【主要原因】①②

实例 236	5	电动工具引发的事故

◆ 手套被卷入小型砂轮机中

【事故发生简介】

工人在 4 层的钢筋混凝土地面上进行管道配置施工，为了关闭用于磨削塑料管的小型砂轮机的电源，当工人的左手靠近旋转部位时，手套被卷进砂轮机而受伤。

【主要原因】①②

实例 237 | 5 | 电动工具引发的事故

◆ **工人使用圆盘磨光机打磨抹灰铲时，被飞起的抹灰铲碎片击中**

【事故发生简介】

工人单手使用圆盘磨光机对抹灰铲进行打磨，磨光机的头部碰到抹灰铲的裂缝，飞起的碎片击中工人的左眉。

当时，工人使用的是没有防护罩的磨光机，而且，也没有戴防护眼镜。

【主要原因】②④⑤

实例 238 | 5 | 电动工具引发的事故

◆ **挖掘土石时，被掉下的钻头砸到脚**

【事故发生简介】

为了安装挡土板，工人使用钻头挖掘土石时，土石塌方，钻头随之落下砸中工人的左脚。

【主要原因】⑤⑥⑧

实例 239	5	电动工具引发的事故

◆ 切割模板时，手套卷入电锯

【事故发生简介】

工人使用电锯切割模板时，按压材料的左手的手套被卷入电锯齿轮，将左手指切断。

【主要原因】 ①④

实例 240	5	电动工具引发的事故

◆ 碰到旋转的电锯

【事故发生简介】

工人使用电锯切割木板的作业中，当工人放下手中的电锯准备拿木板时，右手碰到旋转的电锯而受伤。

【主要原因】 ②⑦⑧

实例　241	5	电动工具引发的事故

◆ 对隔断进行打孔的施工中，扶板工人的手被卷入电钻

【事故发生简介】

在安装墙壁木板的施工中，2 名工人分别站在隔板的两面进行打孔作业时，在隔板背面的工人的手套被卷进电钻。

【主要原因】 ①⑧

实例　242	5	电动工具引发的事故

◆ 粉碎剂喷出

【事故发生简介】

拆除石碑的施工中，工人将使用中的钻孔机钻的孔内填充粉碎剂时，粉碎剂喷出飞进工人眼中。

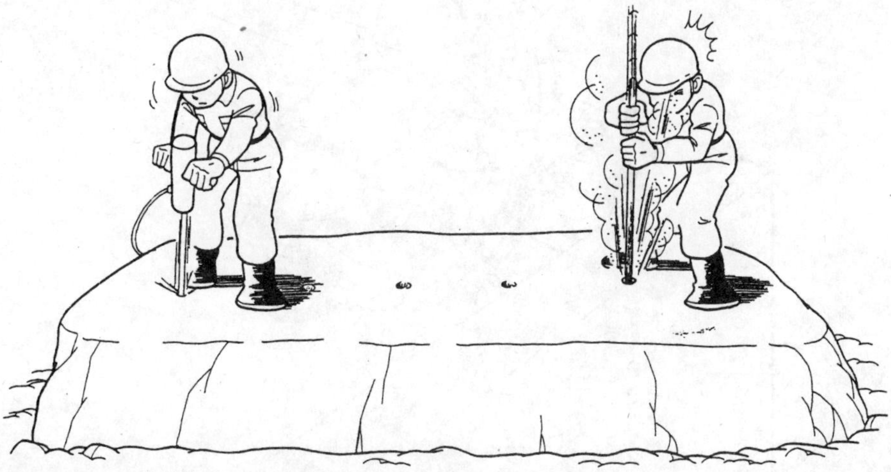

【主要原因】 ⑤⑧

实例　243	5	电动工具引发的事故

◆ **小型砂轮机的铁粉溅入眼睛**

【事故发生简介】

在二楼内部，进行拆除轻量钢结构辅助框架操作过程中，利用小型砂轮机切割轻量钢框架时铁粉飞溅到眼睛里。施工时未使用保护眼镜。

【主要原因】 ②⑤

实例　244	5	电动工具引发的事故

◆ **混凝土中的铁钉折断反弹到眼睛里**

【事故发生简介】

在屋面防水地面上，为去除混凝土中的铁钉，用铁锤敲打时混凝土钉折断反弹刺入眼中而受伤。

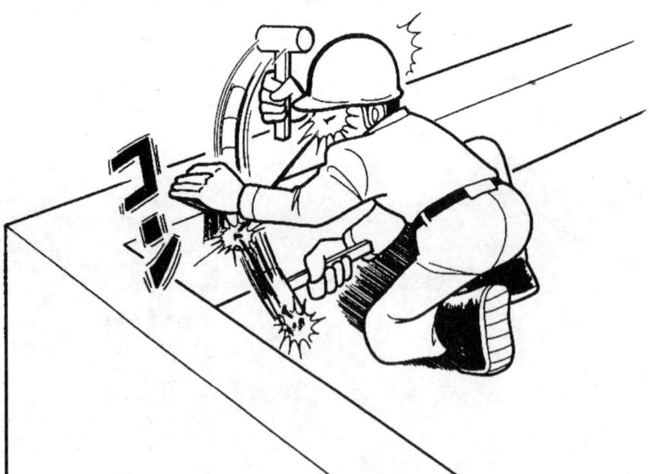

【主要原因】 ⑤⑧

6. 施工中的疾病

6.1 氧气缺乏症

6	施工中的疾病	6.1	氧气缺乏症

主要原因

①未测试氧气及硫化氢的浓度。
②没有进行换气。
③在氧气缺乏的地点施工却未指定技术主管。
④虽指定了技术主管，但技术主管未尽职。
⑤施工人员未接受特别的技术培训。
⑥没有准备或未使用空气呼吸器。

■ 缺氧等危险施工的安全检查要点

(在收容电缆、下水道、粪便、煤气管的地道、检查孔、地下室、储藏罐等场所的施工)

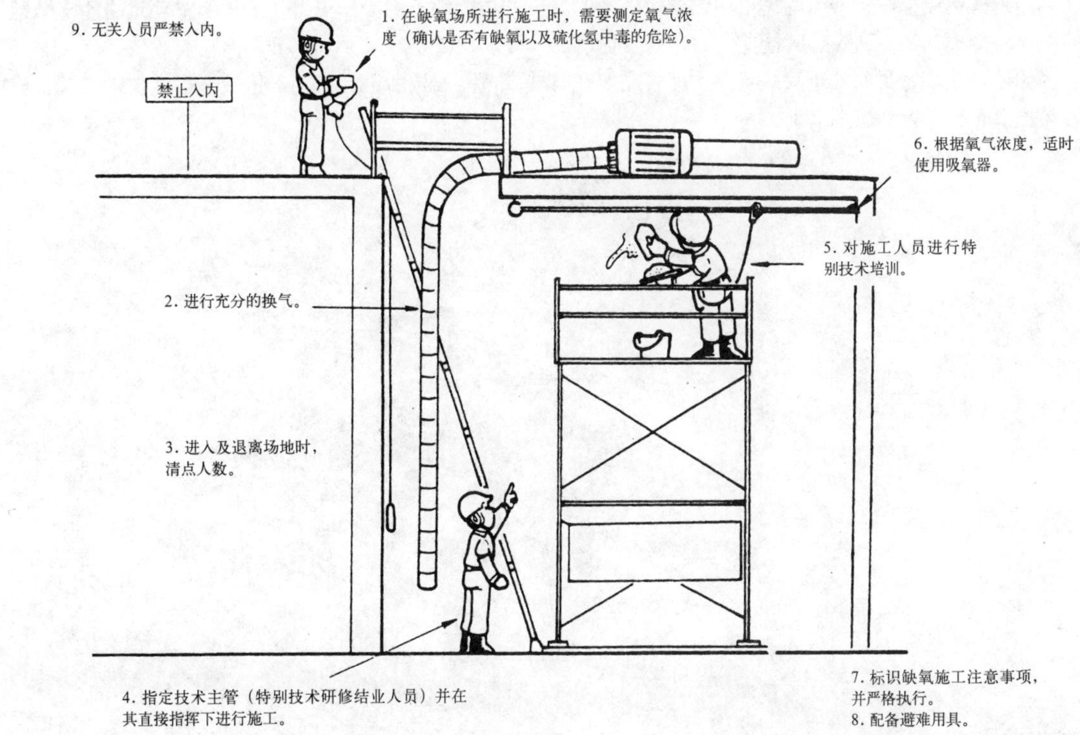

实例　245	6	施工中的疾病	6.1	氧气缺乏症

◆ 检查孔内的氧气缺乏症

【事故发生简介】

净化河流的施工中，工人为了做最后的检查，钻进检查孔内，发生缺氧症。并且，为了营救受害者，其他人员也得了缺氧症。

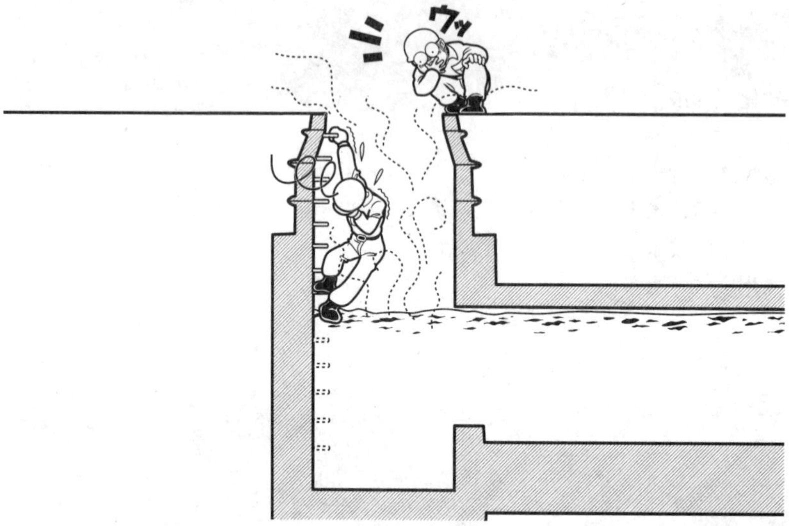

【主要原因】 ①②③⑥

实例　246	6	施工中的疾病	6.1	氧气缺乏症

◆ 进入搬运沙土的船内而得缺氧症

【事故发生简介】

从沙土搬运船上搬运沙土的施工中，旁边停靠的船只的拖铲挖土机操作失误，船体因铲斗重击沙土搬运船的甲板而受损，工人钻入船底检查孔内察看受损情况时得了缺氧症。

因为船底长期密封而处于缺氧状态。尽管需要在有缺氧危险的场所进行施工，但没有指定技术主管，施工人员也没有接受特别技术培训。

【主要原因】 ①③⑤

实例 247	6	施工中的疾病	6.1	氧气缺乏症

◆ 下水道管的修复施工中硫化氢中毒

【事故发生简介】

为了进行下水道管的修复施工，工人钻入检修孔时，硫化氢中毒。施工前虽然对氧气以及硫化氢的浓度进行了检测，但测定地点不充分，另外，也没有进行充分的换气。也没有预备吸氧设备等防护用具。

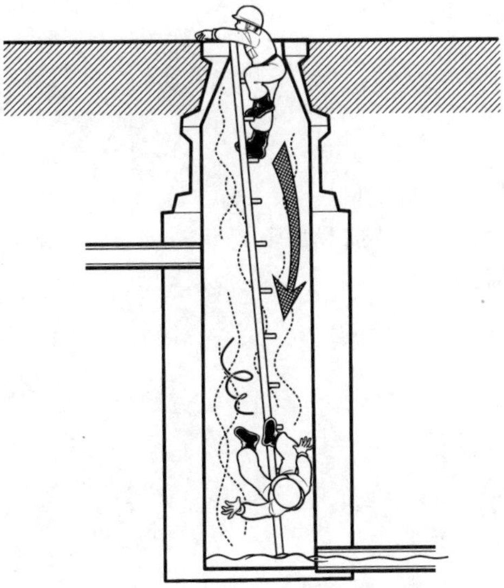

【主要原因】 ①②④⑤

实例 248	6	施工中的疾病	6.1	氧气缺乏症

◆ 在检修孔内进行施工时，硫化氢中毒

【事故发生简介】

为了止住逆流，工人钻进下水处理设施的检修孔内进行作业时，硫化氢中毒。虽然事先对硫化氢的浓度进行了测定，但由于测定时间过短，判断没有中毒危险，故没有进行充分的换气。

【主要原因】 ①②③⑤

6.2 有机溶剂中毒

6	施工中的疾病	6.2	有机溶剂中毒

主要原因

①在空气不流通的地方没有进行换气。
②没有指定有机溶剂技术主管。
③尽管指定了技术主管，但技术主管没有尽职。
④施工人员没有接受有关有机溶剂危害性的技术培训。
⑤没有使用呼吸用具等保护工具。

■ 预防有机溶剂中毒的安全检查要点

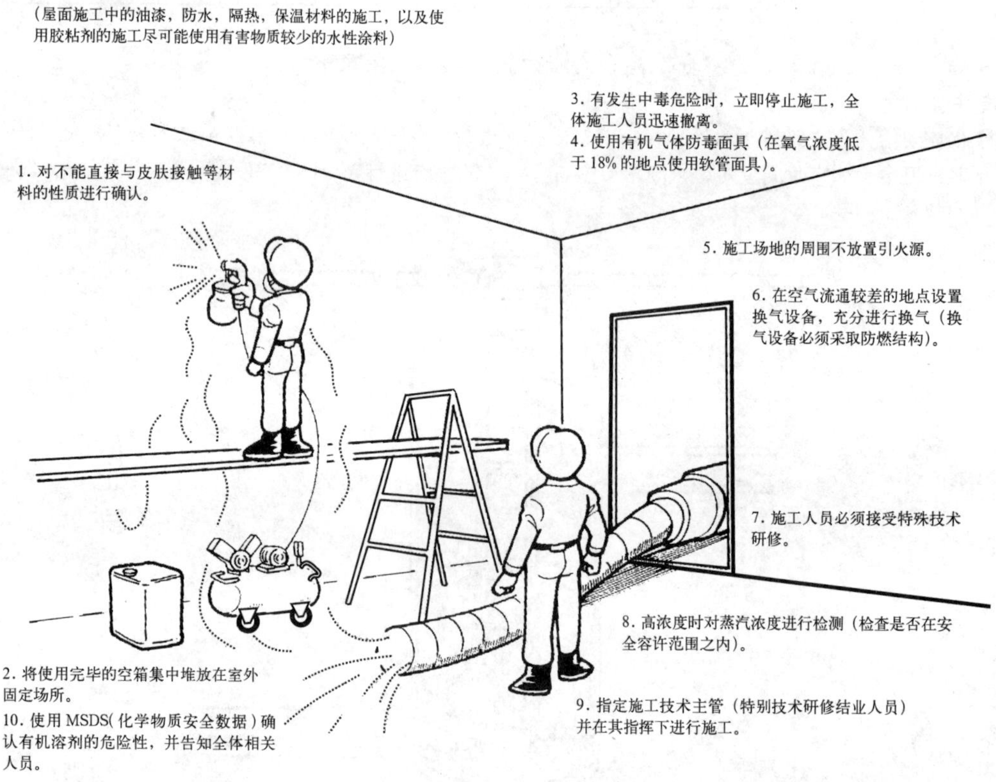

实例　249	6	施工中的疾病	6.2	有机溶剂中毒

◆ **在地下室进行涂层施工中，发生有机溶剂中毒**

【事故发生简介】

工人在地下室进行地面涂层施工中，由于地下室内充满有机溶剂而中毒。

【主要原因】 ①②③

实例　250	6	施工中的疾病	6.2	有机溶剂中毒

◆ **涂层施工中发生有机溶剂中毒**

【事故发生简介】

在工地的地下室（变风量约 800m）内使用含有甲苯、甲醇、醋酸乙酯的合成涂料对顶棚和墙面进行涂层施工中，发生有机溶剂中毒。尽管当时指定了技术主管，但除喷涂施工外其他施工均未使用防毒面具。另外也没有进行充分的换气。

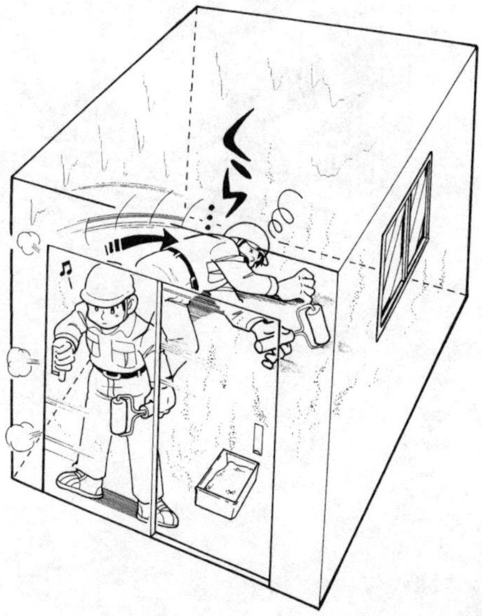

【主要原因】 ①③④⑤

6.3 一氧化碳中毒

6	施工中的疾病	6.3	一氧化碳中毒

主要原因

①在空气流通不佳的场所使用燃烧汽油的机械设备。
②没有进行充分的换气。
③没有使用呼吸面具等防护工具。

■ 防止一氧化碳中毒的安全检查要点

（在狭窄的地道，坑道等空气流通较差的场地进行施工）

1. 在空气流通不佳的地点，不使用燃烧汽油的排水泵，混凝土切割机等设备，不得已使用的情况下需要进行充分的换气。
2. 在密闭的场地采暖时，必须进行换气。
3. 进入使用燃煤来养护混凝土的场地，必须进行充分的换气。
4. 在无法进行换气的场地，佩戴呼吸器。

实例　251	6	施工中的疾病	6.3	一氧化碳中毒

◆ 在地下室的深坑中发生一氧化碳中毒

【事故发生简介】

为了排除积聚在地下室深坑处的雨水，工人使用燃烧汽油的泵进行排水施工中，一氧化碳中毒。

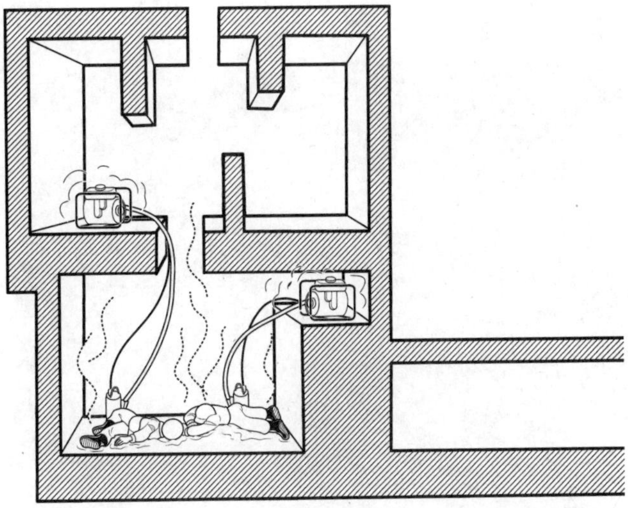

【主要原因】 ①②

实例　252	6	施工中的疾病	6.3	一氧化碳中毒

◆ 进行混凝土养护时一氧化碳中毒

【事故发生简介】

用于防火的蓄水池顶棚部分的混凝土浇筑完成后，由于夜间气温下降到零度以下，工人在蓄水池内放置燃烧的蜂窝煤（11 个），又在其上覆盖塑料布进行养护。第二天早上，为了进行修补工程进入蓄水池的工人发生一氧化碳中毒。

【主要原因】 ②

6.4 中暑

6	施工中的疾病	6.4	中暑

主要原因

①没有补充足够的水分和盐。
②没有进行适当休息。
③高温作业。
④健康状况不佳。

■ 防止中暑的安全检查要点

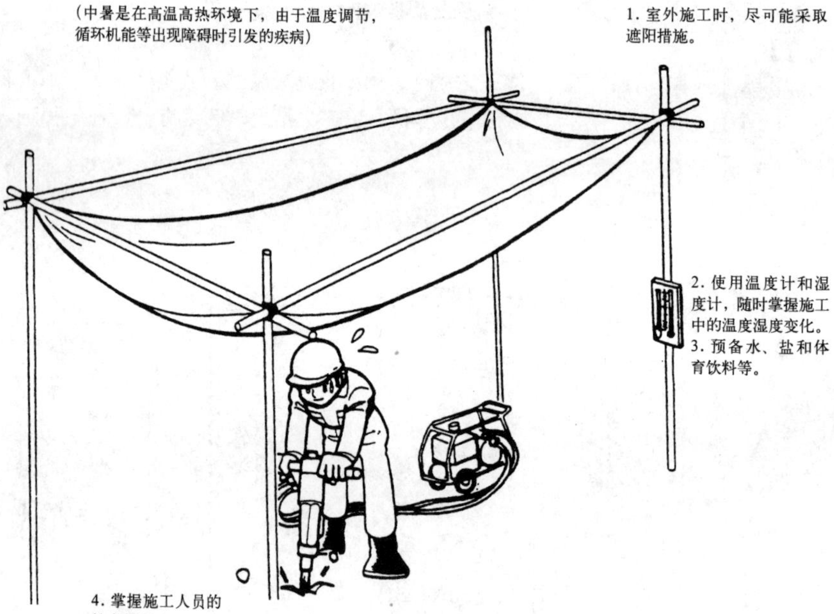

实例 253	6	施工中的疾病	6.4	中暑

◆ **道路改造施工中中暑**

【事故发生简介】

进行道路改造的施工中，工人中暑。当天的最高温度 35℃，由于改造道路的反射热，工人在相当高的温度环境中进行了施工。

【主要原因】 ①③

实例 254	6	施工中的疾病	6.4	中暑

◆ **搭建钢筋框架时中暑**

【事故发生简介】

工人在搭建钢筋框架的施工中中暑。中暑的工人从上午 8 点 30 分开始施工，午餐后身体状况良好，其后也补充了水分。

下午 2 点左右，由于工人出现疲乏现象，主管命令其在树荫下休息，10min 后工人已无法说话，昏迷。当天的气温超过 31℃。

【主要原因】 ③

作者简介

张建东（Zhang Jiandong）

江苏省交通科学研究院副总工程师，南京工业大学兼职教授，工学博士

1992 ~ 1994 日本熊谷组株式会社

1994 ~ 2008 日本 PS 三菱株式会社

电子邮箱：chokt5@gmail.com

阪本一马（Sakamoto Kazuma）

日本建设安全中心株式会社　关西支局长

日本安全中心关西株式会社　社长